만화수학

스토리 칸만화버전 개정판

1권

수의 시작과 표현
수 0,1,2,3,4
나눗셈, 원, 소수, 한글, 제곱근 이야기

저자 이광연

지오북스

스토리
만화수학 1권

수의 시작과 표현
수 0,1,2,3,4
나눗셈, 원, 소수, 한글, 제곱근 이야기

초판인쇄	2022년 2월 1일
개정발행	2022년 10월 31일

저 자	이광연 지음
펴 낸 곳	지오북스
물 류	경기도 파주시 상골길 339 (맥금동 557-24) 고려출판물류 內 지오북스
등 록	2016년 3월 7일 제395-2016-000014호
전 화	02)381-0706 ｜ 팩스 02)371-0706
이 메 일	emotion-books@naver.com
홈페이지	www.geobooks.co.kr
정 가	12,000원
ISBN	979-11-91346-48-0

이 책은 저작권법으로 보호받는 저작물입니다.
이 책의 내용을 전부 또는 일부를 무단으로 전재하거나 복제할 수 없습니다.
파본이나 잘못된 책은 바꿔드립니다.

만화는 사물의 형태나 사건의 성격을 과장되거나 생략되게 표현하여 풍자나 웃음의 소재로 삼는 회화이다.

그래서 만화는 오히려 현실적이거나 논리적이지 않은 경우가 대부분이다.
반면 수학은 사회과학과 자연과학의 기초가 되므로 매우 현실적이며 논리적이다.
이렇게 상반된 두 분야가 협동하면 어떻게 될까?

만화는 오히려 현실적이거나 논리적이지 않은 경우가 대부분이다.
반면 수학은 사회과학과 자연과학의 기초가 되므로 매우 현실적이며 논리적이다.
이렇게 상반된 두 분야가 협동하면 어떻게 될까?

수학은 현실적인 학문이다! 사회과학과 자연과학의 기초

부모님들은 이런 만화를 읽음으로써
아이들이 수학에 관심을 가지기 바라지만
애석하게도 정작 아이들은 만화의 스토리 전개에
더 흥미를 보이는 것이 현실이다.
더욱이 아이들은 이런 만화책에 소개된
수학적 내용을 한번 본 것만으로
자신이 그것에 대하여 모두 안다고 착각하게 된다

이런 착각은 오히려 아이들이 수학을 공부하지 않게 되는 이유이기도 하다.

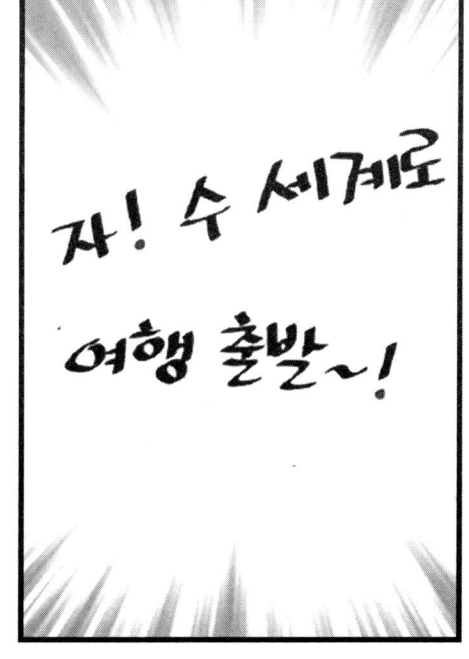

이 책은 수학의 거대한 줄기를 간략하게 줄이면서도 내용의 깊이를 유지했고, 익살스러우면서도 재미있는 그림으로 수학을 쉽게 이해할 수 있도록 구성되어 있다. 그래서 수학의 다양한 분야와 내용뿐만 아니라 활용영역까지도 이해할 수 있다.

'Mathematics(수학)'의 어원은 피타고라스학파의 별명에서 비롯되었다.

크로톤

피타고라스는 B.C. 500년경에 이탈리아반도의 끝에 있는 크로톤이라는 도시에 '공동체 생활'이라는 의미를 지닌 '케노비테스(Cenobites)'라는 학교를 세웠다.

철학, 수학, 자연과학, 사회과학 등
거의 모든 분야를 가르쳤다.
제자들은 자신의 성격과 능력에 맞게
각자의 전공을 선택할 수 있었지만
모든 제자는
산술, 음악, 기하, 천문학을
반드시 배워야 했다.

그래서 당시 사람들은 배움이라는
의미의 '마테마(mathema)'와
깨달음이라는 의미의
'마테인(mathein)'을 합쳐
공동체에서 생활하는
피타고라스의 제자들을
'모든 것을 연구하고 깨우치는
사람들'이라는 의미로
'마테마테코이(Mathematekoi)'
로 불렀다.
이것이 바로 오늘날 수학을
의미하는 단어가 되었다.

메스메틱스
(Mathmatics)
수학

수의 시작

몇몇 동물들도 어느 정도의 수까지는 인지하는 것으로 알려져 있다.
이를테면 까마귀는 4명까지는 구분할 수 있고, 침팬지의 경우는 수뿐만 아니라 글자까지도 인지할 수 있다는 것이 실험을 통해 알려져 있다.

수학에서는 같은 수라고 하더라도 의미하는 것이 다른 경우가 많다. 이를테면 자연수와 관련하여 0은 단순히 '없음'을 나타낸다

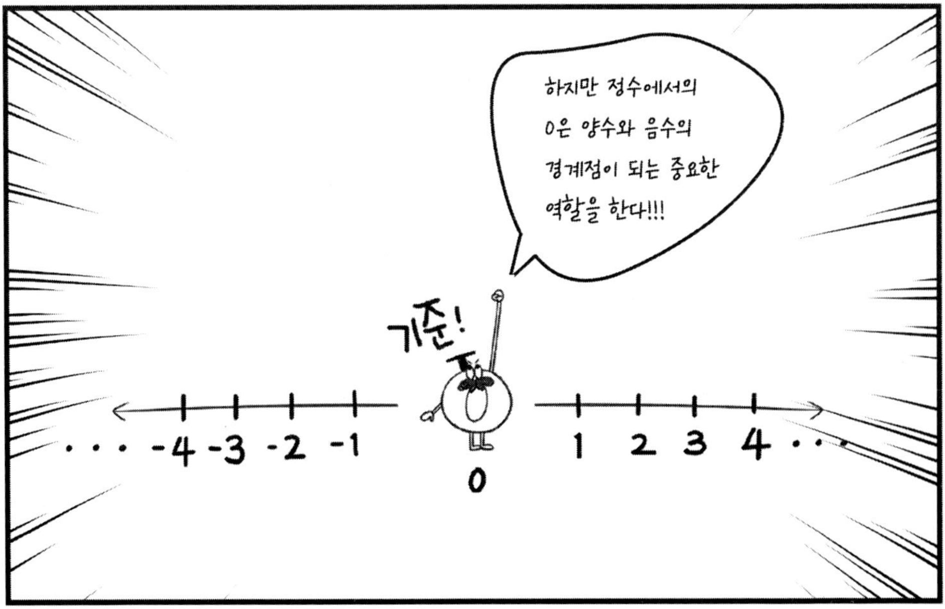

수에는 두 가지
중요한 특징이 있다.

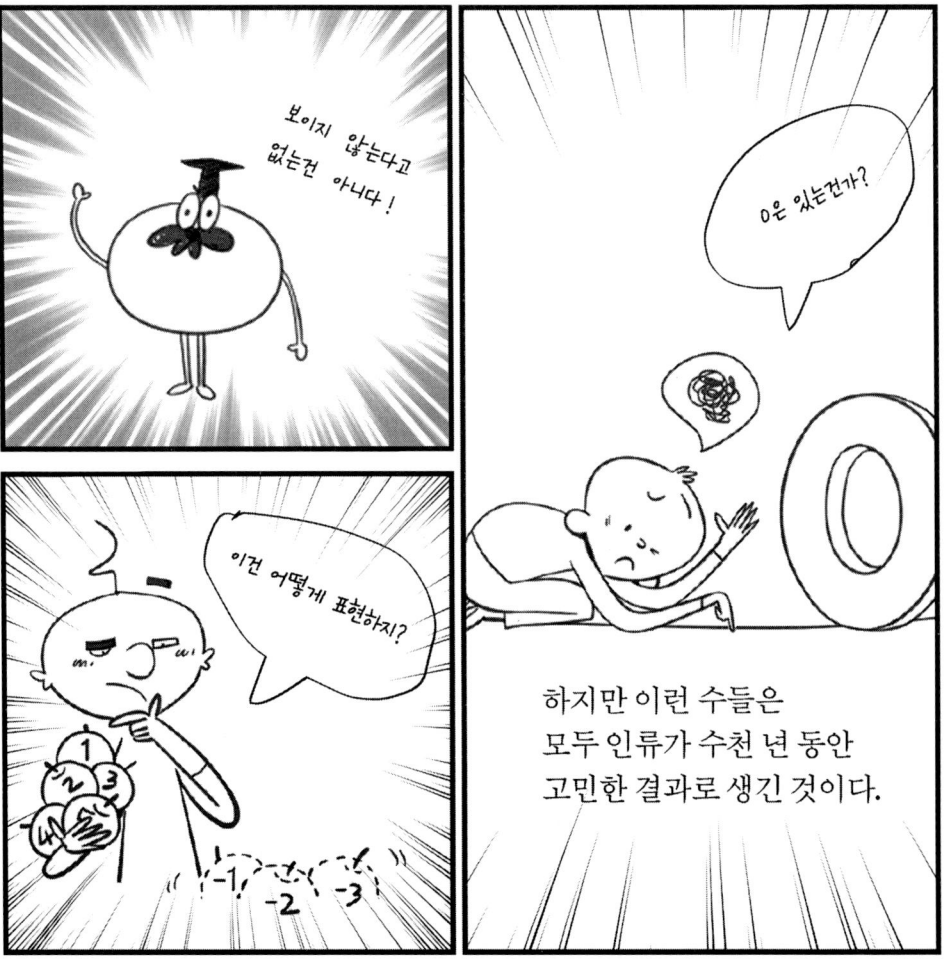

첫째

수는 결코 사물의 일부도 사물의 어떤 특별한 성질도 아니다. 즉, 수는 사물이 딱딱한지 물렁거리는지와 같은 물리적인 성질과는 아무런 관련이 없다.

그러면서도 수는 사물과 관련지어지는 아주 편리한 기호이다. 예를 들어, 꽃가게에서 장미 37송이, 백합 41송이, 무궁화 29송이, 수선화 49송이를 산다고 할 때, 꽃가게 주인은 계산기를 두드려 꽃은 모두 몇 송이이고 가격은 모두 얼마인지를 알 수 있는 편리한 기호이다. 즉, 수는 단순한 모양의 기호이지만 쓰임새가 아주 많은 편리한 도구이다.

둘째

수의 기호인 숫자를 사용하여 덧셈, 뺄셈, 곱셈, 나눗셈 등의 셈을 할 수 있다는 것이다

모두 몇 송이인지, 가격은 얼마인지, 거스름돈은 얼마인지를 알기 위한 덧셈이나 뺄셈 등의 연산을 너무나도 당연하다고 생각하겠지만 그것은 수 사이에서만 이루어지는 것이지 꽃과 같은 물건 끼리를 더하거나 빼거나 하는 것은 아니라는 사실이다. 물건값을 셈하는 가게주인은 여러 종류의 꽃을 더하는 것이 아니라 이것들과 관련 지어진 수를 셈하는 것이다

인류가 자연수를 깨닫기 시작하여 수를 숫자로 표현하기까지는 많은 시간이 필요했다.

인류가 언제부터 수에 대하여 생각했는지는 정확히 알 수 없다. 하지만 옛날 사람들은 자기 가족이 몇 명인지, 기르는 가축이 몇 마리인지, 사냥에 사용되는 창이나 화살은 몇 개가 남아있는지를 알아야 했을 것이다.

그래서 숫자보다 먼저 생각한 것이 바로

일대일대응이다

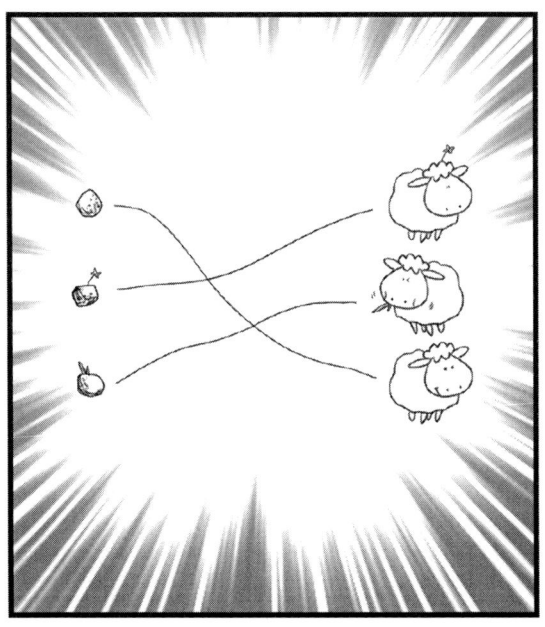

물건의 개수를 숫자로 나타내지 않아도 하나에 하나씩 짝을 지어 놓고 그 결과가 어떤지 이해할 수 있다면 어떤 물건이 모두 몇 개인지, 다른 물건에 비하여 더 많은지, 적은지, 또는 같은지를 알 수 있다. 그것이 바로 일대일로 짝을 지어 세는 원리이다.

이를테면 어린이들이 유치원에서 자기 이름이 붙어 있는 신발장에 자신의 신발을 넣는 것과 같은 원리이다

어느 날 농부가 잘 익은 사과를 잔뜩 따서 항아리에 넣어 두었다. 농부는 숫자도 모르고 셈을 할 줄 모르는 원시인에게 항아리에서 사과 5알을 가져오라고 했다. 그러나 원시인은 수를 모르기 때문에 농부가 무엇을 원하는지 알 수 없었다. 그때 농부는 원시인의 손에 돌멩이 5개를 쥐어주었다.

조약돌은 라틴어로 'calculus'라고 하는데 이 단어가 오늘날 '계산하다'라는 단어 'calculate'의 어원이다. 이것으로 보아 조약돌을 이용한 계산 방법이 이미 널리 사용되고 있었음을 알 수 있다.

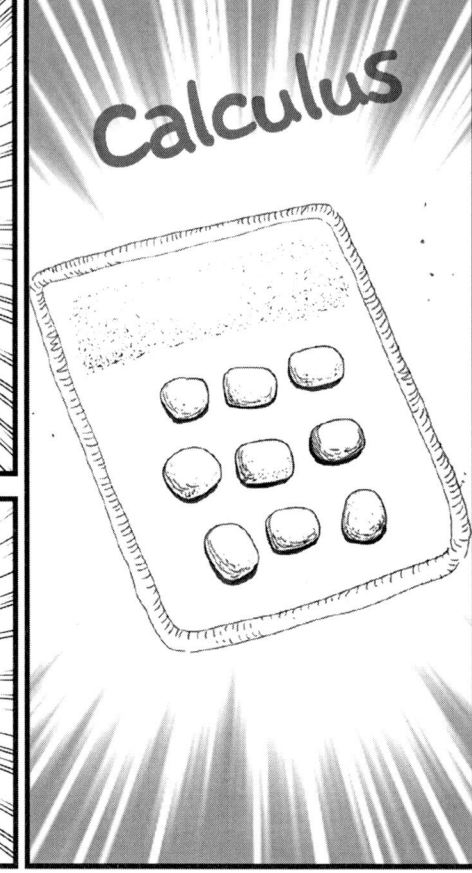

눈금을 새긴 것으로 가장 유명한 유물은 1960년 아프리카 콩고의 비궁가 국립공원내의 이상고(Ishango)에서 발견된 '이상고 뼈'이다.

이 뼈는 기원전 20,000~18,000년 사이에 제작된 것으로 추정되며 비비의 비골에 수열을 기록한 것으로 다음 그림은 앞면과 뒷면이다. 어떤 사람은 이 뼈가 계산을 위한 도구라고 주장하기도 하고, 어떤 사람은 달력이라고 주장하기도 한다.

이 눈금은 무슨표시일까요?

계산을 위한 도구였다는 이유는 새겨진 눈금을 보면 3과 6, 4와 8, 10과 5와 같이 배수 관계인 수들과

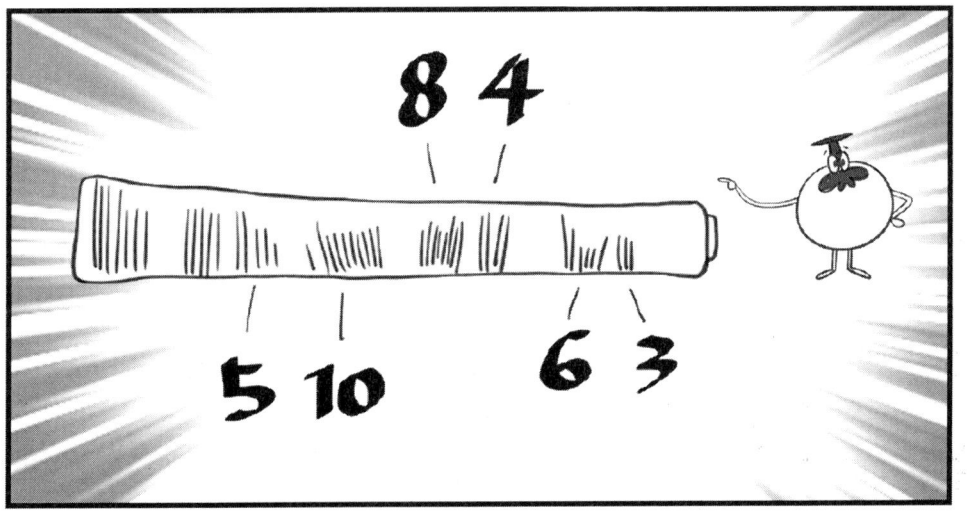

9, 19, 21, 11의 밑에 있는 19, 17, 13, 11 때문이다.
9, 19, 21, 11은 각각 (10-1), (20-1), (20+1), (10+1)이고,

19, 17, 13, 11은 10과 20 사이의 소수이다.

또 세 수열의 합은 각각 48, 60, 60으로 모두 12의 배수이므로 이 도구를 제작한 사람이 곱셈과 나눗셈을 이해하고 있었다고 추측할 수 있다

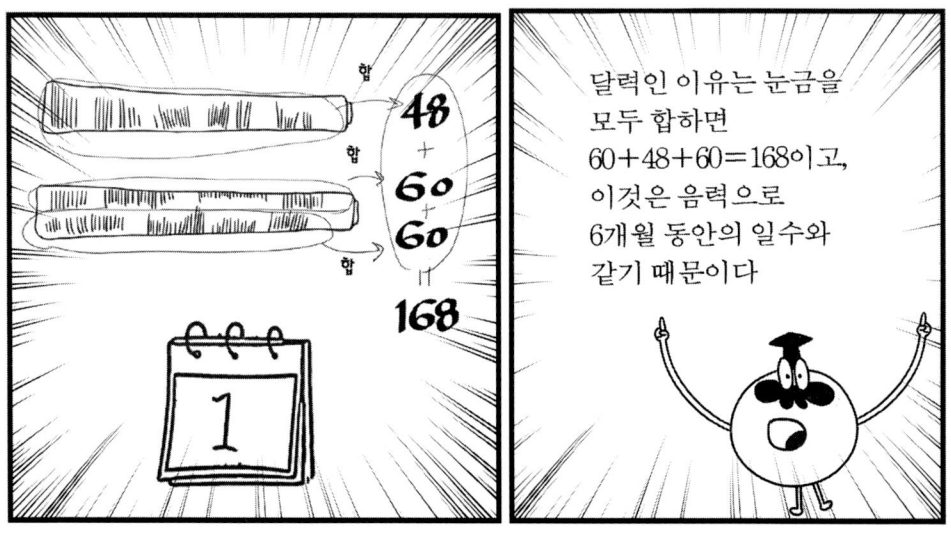

달력인 이유는 눈금을 모두 합하면 60+48+60=168이고, 이것은 음력으로 6개월 동안의 일수와 같기 때문이다

수를 표현하는 또 다른 방법은 매듭을 이용하는 것이다 페루의 잉카인들은 수확한 곡식의 양이나 기르고 있는 가축의 수를 기록하기 위하여 매듭을 지었다

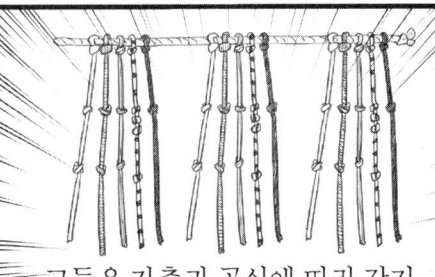

그들은 가축과 곡식에 따라 각기 다른 색의 끈을 사용하여 그 양을 매듭지어 나타냈다

그래서 그들에게는 수를 나타낼 특별한 기호는 별로 필요하지 않았다. 하지만 눈금이나 조약돌, 매듭 등으로 수를 표현한 이후에 이들을 부를 이름은 필요했다.

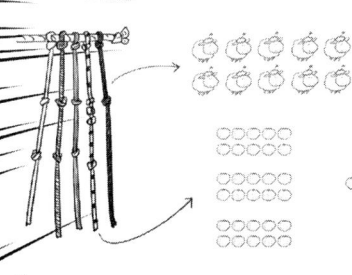
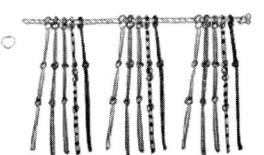

고대인들은 수에 각각 적당한 이름을 붙이게 되었는데, 인류가 수의 개념을 인식하는 과정은 언어에도 남아있다.

그리스어를 포함하여 여러 언어에는 '하나', '둘', '둘보다 많다'고 하는 세 가지 구별법이 남아있고

대부분 언어에는 하나를 나타내는 단수와 여럿을 나타내는 복수의 두 가지 구별밖에 없다는 것이 바로 그것이다.

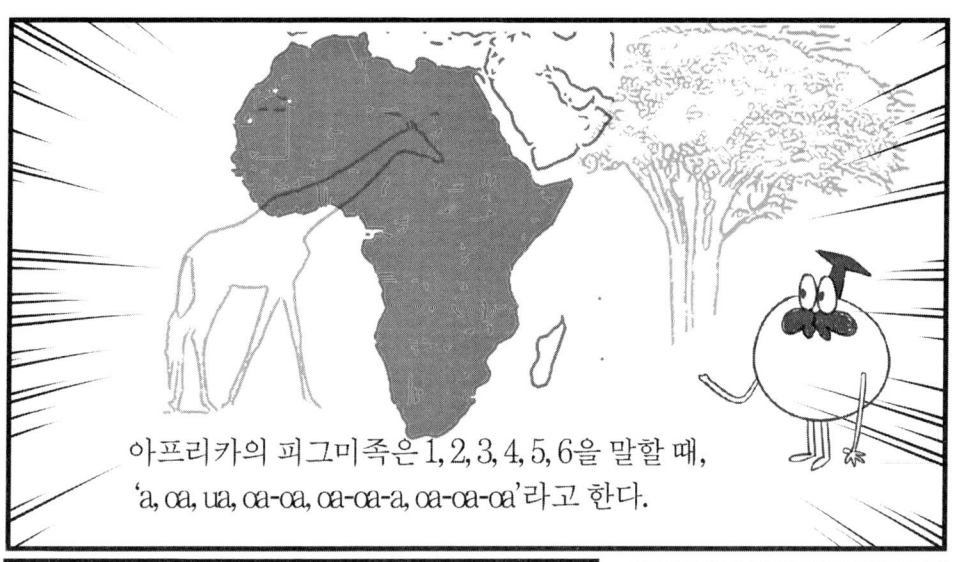

아프리카의 피그미족은 1, 2, 3, 4, 5, 6을 말할 때, 'a, oa, ua, oa-oa, oa-oa-a, oa-oa-oa'라고 한다.

오스트레일리아(Australia)와 뉴기니아(New Guinea) 사이에 사는 파푸아(Papua) 원주민들은

1을 우라펀(Urapun),
2를 오코사(Okosa)라고 하며,
3은 오코사 우라펀,
4는 오코사 오코사,
5는 오코사 오코사 우라펀,
6은 오코사 오코사 오코사와 같이 수를 셌다

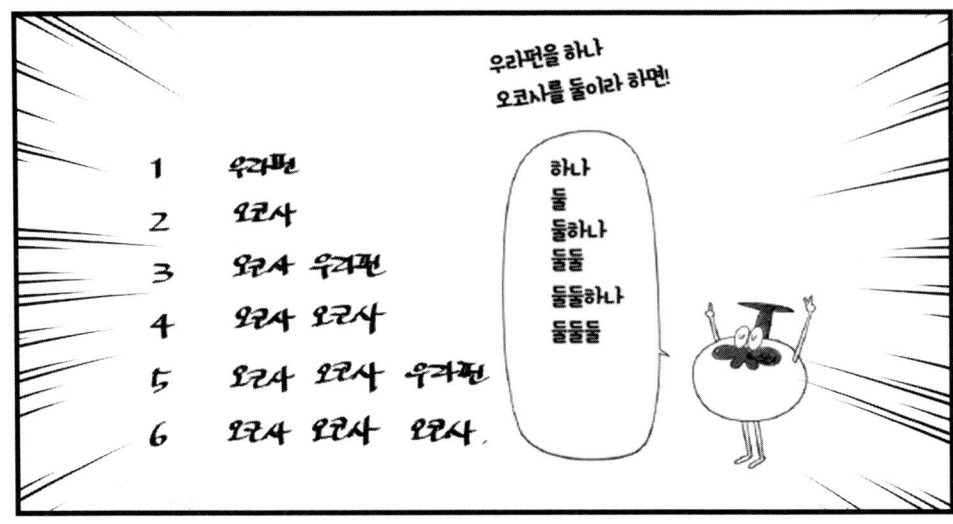

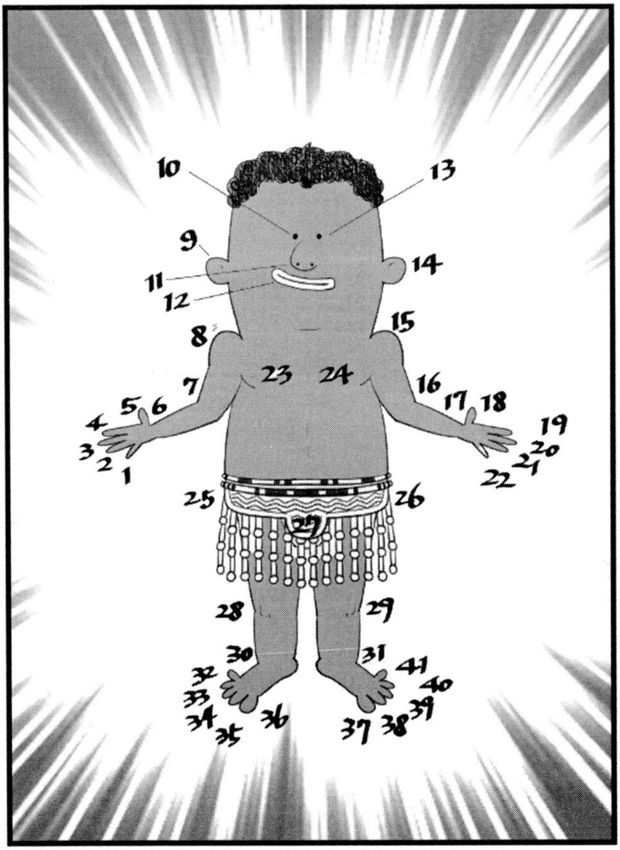

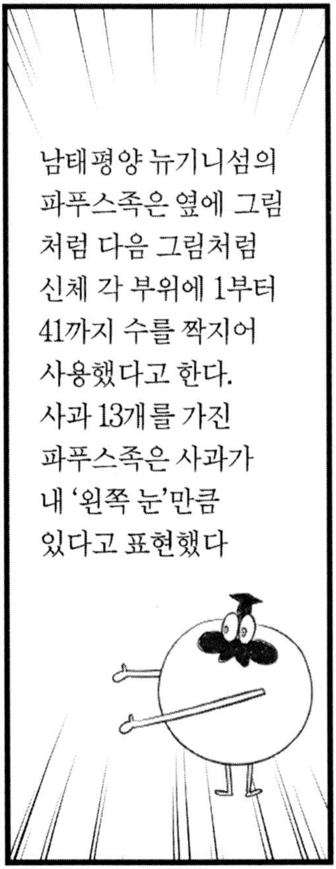

그렇다면 수를 셀 줄 모르고 숫자도 없다면 어떤 일이 일어날까?

아마도 큰 손해를 보고도 알지 못했을 것이다. 우리는 수와 숫자 덕분에 물건의 가치를 편리하게 따지고 비교할 수 있게 된 것이다.

그래서 수와 숫자는 머리가 아프지만 우리에게 꼭 필요하다.

수의 시작은 '하나, 둘, 많다'를 아는 정도였다.

시간이 흐르면서 수를 세기 위한 웅얼거림은 기호, 즉 숫자의 발명으로 이어졌다. 이제 이와 같은 수에 대하여 여러 가지 흥미로운 사실을 알아보자

수0과 나눗셈

수는
인류가 문명을
시작할 때부터
우리와 함께한
친구이다.

원시인들은 돌도끼를
만들고 야생동물을
사냥할 때부터
수에 대한 어렴풋한
개념을 가지고 있었다.

물론 지금과 같은 형태를 갖추기까지는
꽤 오랜 시간이 걸렸다. 어느 날 아침에
천재적인 원시인이 잠에서 깨어 갑자기
'하나, 둘, 셋'하고 세지는 않았을 것이다.

원시인들은 자신의 의사를 몇 마디 의성어를 사용하여 대화했고 글을 쓰기 위한 문자는 없었으며, 유통수단으로써 화폐도 없었다.

그러나 비록 수라는 단어조차 없었지만 원시인들은 수가 무엇인지 모르는 상태에서도 의식적으로 수를 사용하고 있었던 것이다.

그들은 단지 정확한 수의 개념이나 수를 표현할 방식을 몰랐을 뿐이다. 원시인들은 어떤 물건이 한 개, 두 개, 세 개, 또는 많다는 것을 나름대로 구분할 수 있었지만 확실하게 표현할 수는 없었다.

원시인들은 사과가 8개인지 9개인지 구분하고, 그 차이가 몇 개인지 알아내서 다른 원시인에게 전달하는데 꽤 애를 먹었을 것이다. 지금의 우리와 똑같이 보고 생각할 수 있었겠지만 그 차이를 설명할 만한 수단, 즉 셈이 없었기 때문이다

셈, 즉 계산이란 수를 이해할 수 있는 훌륭한 방식이다.

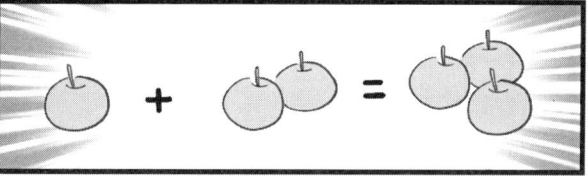

이런 원시인들에게 셈은 부족들 사이의 전쟁에서 처음 사용되었을지도 모른다.

다른 부족의 공격을 막거나 또는 공격하기 위해 많은 전사들을 보낸 부족장은 나중에 전사들이 모두 무사히 살아 돌아왔는지 확인하기 위하여 수를 세었다.

그리고 부족장은 이 전투에서 목숨을 잃은 전사들에 대한 보상을 요구하기 위해 셈을 했야 했고, 이를 상대 부족에게 통보해야 했다. '우리 부족은 이번 전투에서 5명의 전사를 잃었다. 돼지 5마리로 보상하라.'고 할 때 5라는 수를 표현할 방법이 없다면 어떻게 정확한 의사 표현을 할 수 있었을까?

그런데 부족장은 이런 계산을 의외로 간단한 방법인 돌멩이를 이용하여 해결했다. 부족장은 부족의 전사들이 전투에 나가면 그 수에 해당하는 돌을 쌓아두었다가 그들이 돌아오면 한 사람당 하나씩 돌을 치웠다

그러면 남아있는 돌은 전투에서 돌아오지 못한 전사들의 수와 일치했다

부족장은 남아있는 돌멩이를 상대 부족에게 보이며 그 만큼의 돼지를 보상받을 수 있었다.

하지만 돌멩이를 사용할 때 몇 가지 불편한 점이 있었다. 돌멩이를 놓아둘 공간이 필요했으며, 무거운 돌멩이를 가지고 다니기도 불편했다

그래서 필요한 돌멩이의 개수를 그림으로 나타내는 방법을 생각했고 이것이 최초의 숫자가 되었다.

게다가 수를 표현한 그림을 읽는 규칙도 정하게 되면서 수를 말할 수 있게 되었다.

수를 적기도 하고 소리 내어 말할 수도 있게 되었다고 해서 수에 대하여 다 알게된 것은 아니다.
문제는 눈에 보이는 물건의 개수는 수로 표현하고 소리 내어 셀수 있었지만 아무것도 없는 상태를 표현할 수 없었다.

고대 인류가 사용했던 모든 수는 '없음'을 표현하지 못했다.

그러다가 지금부터 약 1800년 전 인도에서 처음으로 '없음'을 표현하는 방법을 발견했다.

바빌로니아, 그리스, 마야, 중국 등 여러 지역의 사람들은 다른 수들을 정확한 위치에 표현하기 위하여 일종의 구분자 역할을 하는 기호가 필요하다는 것을 이미 알고 있었다. 그래서 수를 사용할 때, 어떤 지역은 위치표시가 필요없는 수체계를 사용하기도 했고, 어떤 지역은 위치에 따라 수의 크기가 다르다는 것을 표시하기 위한 단순한 구분자로서 '0'을 사용했다.

'0'이 구분자 역할 외에도 더 많은 의미를 가진다는 것을 인도인들이 가장 먼저 알아냈다

인도인들은 '0'이 실제 수임을 안 것이다.

인도인들은 숫자가 쓰인 위치에 따라 다른 값을 나타내는 위치수체계를 사용했다

수의 이런 위치법은 **6세기**경에 거의 완전한 형태를 갖추게 되었다.

위치법은 일 단위, 십 단위, 백 단위, 천 단위 등을 위한 빈자리를 지시하는 '0'의 탄생으로 완성되었다.

예를 들어 숫자 1과 2를 이용하여 수를 표현하면 수가 놓인 위치에 따라 12는 열둘, 102은 백이, 120은 백이십, 1002는 천이, 1200은 천이백을 나타낸다.

'0'을 발견하기 위해서는 '없음' 또는 '공백'이라는 개념을 수용할 수 있는 생각을 가지고 있어야 했다.

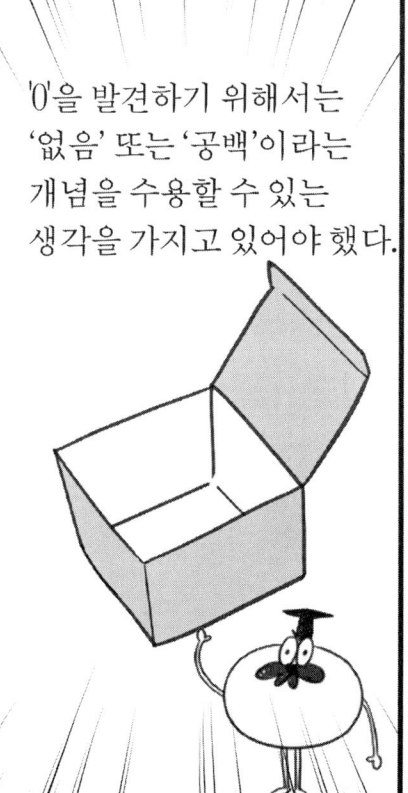

'없음' 또는 '공백'은 산스크리트어로 '슈냐(shûnya)'라고 하며 슈냐는 '부재'를 의미한다. 초창기부터 슈냐라는 단어는 공백, 하늘, 공기, 공간의 의미를 내포하고 있었다.

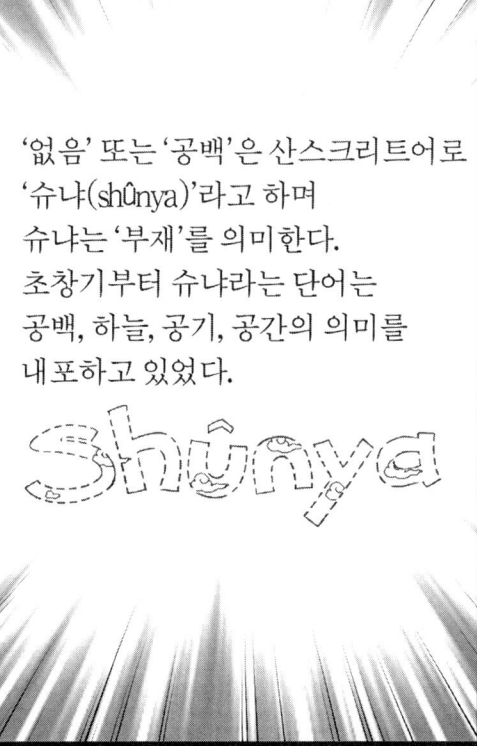

그래서 일 단위, 십 단위, 백 단위 등과 같은 수의 요소 중 하나로 부재라는 수학적 개념을 표현하기 위해 인도의 학자들은 슈냐라는 단어가 수학적 관점에서뿐만 아니라 철학적 관점에서도 매우 적절하다고 생각했다. 이것이 바로 오늘날 우리가 '0'이라고 부르는 것이다. 그리고 인도에서 '0'을 표현했던 네 가지 모양과 명칭이 있었다.

첫 번째, 문자 그대로 '빈 공간'을 뜻하는 '슈냐카(shûnyakha)'가 있다. 연산을 가능하게 하는 0의 이름이었던 슈냐카는 수 표현 방법에서 각각의 단위에 부재를 나타내기 위해 빈칸으로 나타냈다. 즉, '1 2'는 1과 2 사이에 슈냐카가 하나 있는 것으로 '백이'를 나타낸다.

두 번째, '0'의 표현에는 문자 그대로 '빈 원'을 나타내는 '슈냐-샤크라(shûnya-châkrâ)'가 있다. 이 명칭은 인도와 남아시아 전역에서 지금도 사용되고 있다고 한다.

세 번째, '0'의 표현은 '슈냐-빈두(shûnya-bindu)'이다. 이것은 '영-점'을 의미하며 카시미르의 여러 지역에서 사용되었다고 한다. 순전히 기하학적이고 수학적인 양상을 넘어 이 슈냐-빈두는 힌두인들에게 있어서는 창조적 에너지를 공급하며, 모든 것을 잉태하게 할 수 있는 원점으로 여겨졌다고 한다.

네 번째, '0'의 표현은 '슈냐-삼캬(shûnya-samkhya)'로 '빈-수'를 의미한다. '0'이라는 개념의 발달은 '부재의 정의'라는 단순한 기호를 넘어 무량(無量)을 의미하는 완전한 수로 이어졌다. 무량을 나타내는 것이 바로 슈냐-삼캬이다.

앞에서 알아본 것처럼 '0'을 나타내는 네 가지 명칭 모두에 '슈냐'가 있기 때문에 보통은 '0'을 슈냐라고도 한다.

지금이야 어린아이들도 '0'에 대한 개념을 배우지만 7세기까지만 해도 수로써 '0'을 생각할 수 있는 사람은 천재 수학자뿐이었다.

특히 인도의 수학자 브라마굽타는 '0'이 양수와 음수를 구분할 수 있다는 사실도 밝혀냈는데, 그는 양수와 음수라는 말 대신에 재산과 빚이라는 표현을 썼다.

하지만 브라마굽타는 '0'과 나눗셈의 관계를 정확하게 이해하고 있지는 못했다. 어떤 수를 '0'으로 나눈다는 것과 '0'을 다른 수로 나누는 것이 무슨 뜻인지 이해하지 못했다.

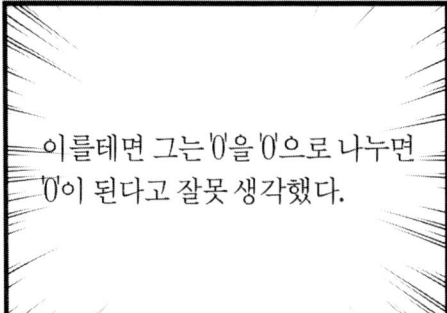

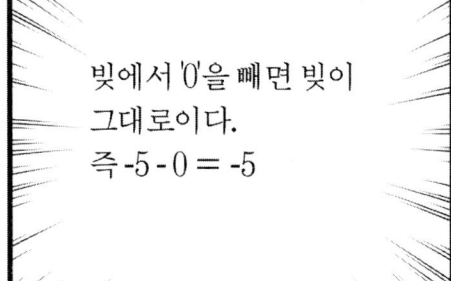

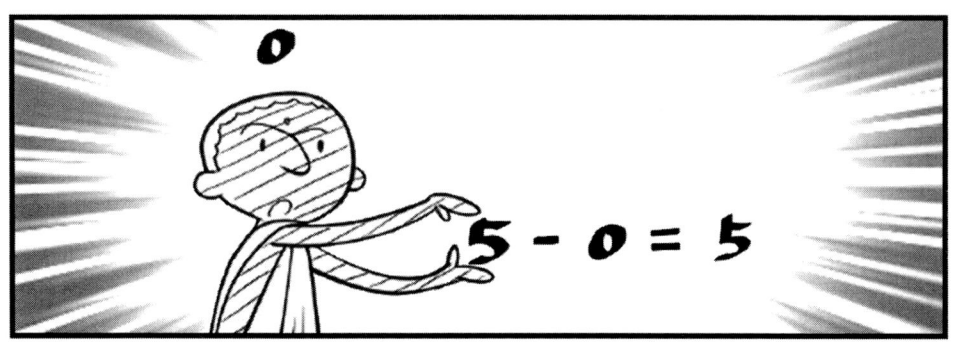

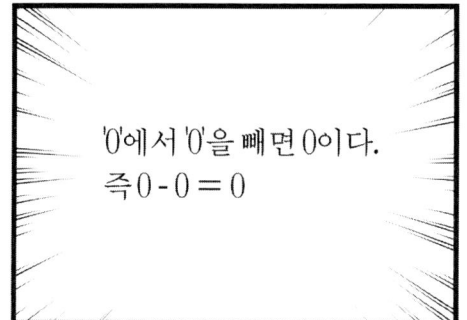

'0'에서 '0'을 빼면 0이다.
즉 0 - 0 = 0

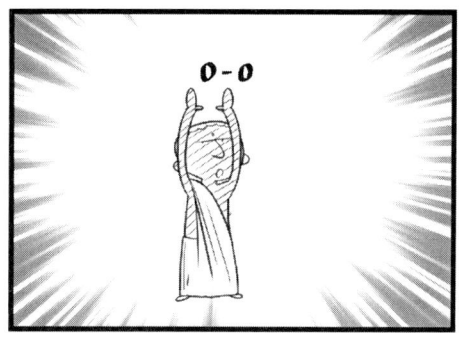

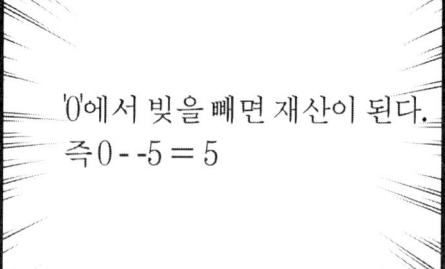

'0'에서 빚을 빼면 재산이 된다.
즉 0 - -5 = 5

'0'에서 재산을 빼면 빚이 된다.
즉 0 - 5 = -5

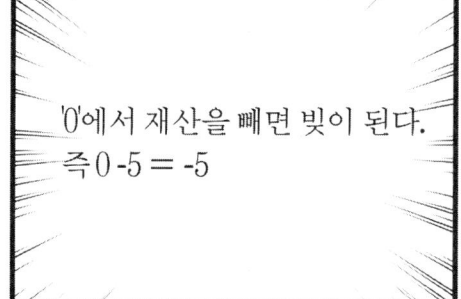

빚이나 재산에 '0'을 곱하면
'0'이 된다.
즉 0 × -5 = 0, 0 × 5 = 0

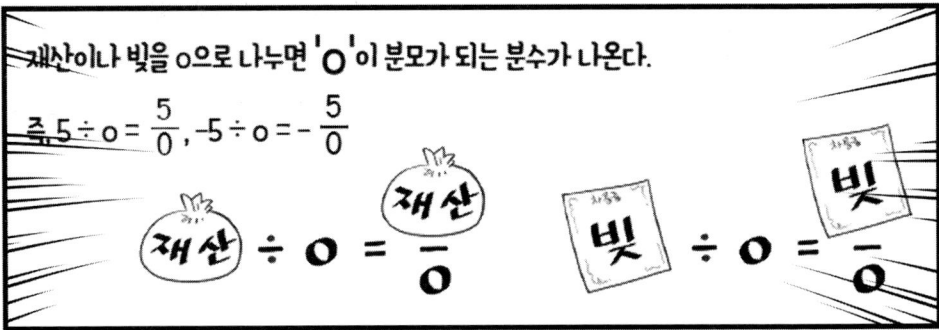

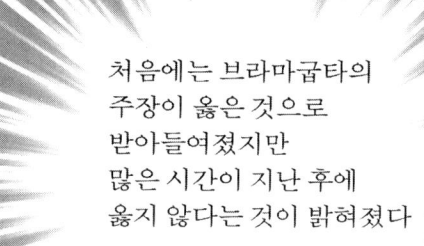

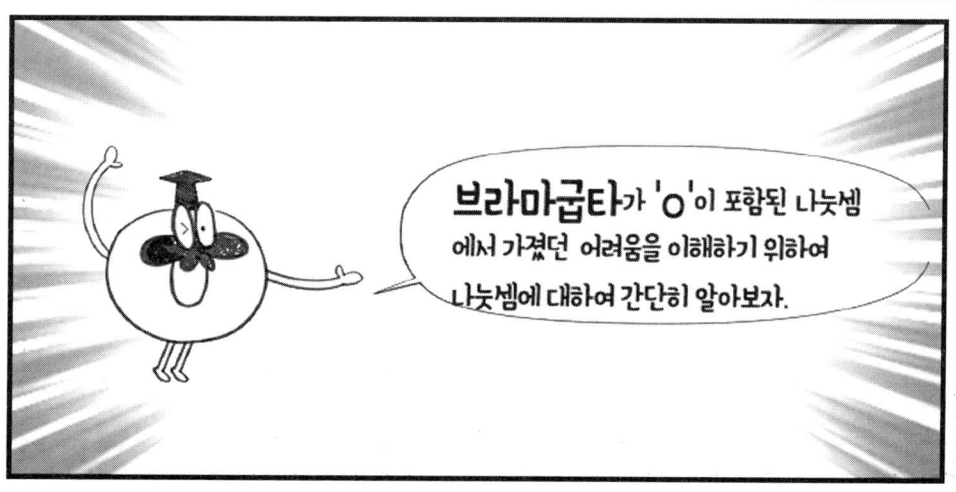

나눗셈에는 똑같이 덜어내는 포함제와 똑같이 나누는 등분제가 있다

예를 들어 '사과 6개를 2개씩 묶어서 덜어내면 몇 번 덜어낼 수 있는가?' 하는 때의 나눗셈은 포함제이고,

포함제

'사과 6개를 2개의 그릇에 똑같이 나누어 담으면, 한 그릇에는 몇 개의 사과가 있겠는가?' 하는 때의 나눗셈은 등분제이다.

등분제

둘 다 6 ÷ 2 = 3 이라는 식으로 표현되나 그 의미는 서로 다르다. '사과 6개를 2개씩 묶어서 덜어내면 몇 번 덜어낼 수 있는가?'를 구하는 나눗셈(포함제)은 다음 그림과 같이 6개의 사과를 2개씩 묶어서 3번 빼내면 남는 것이 없게 되므로 6-2-2-2=0과 같은 의미이다.

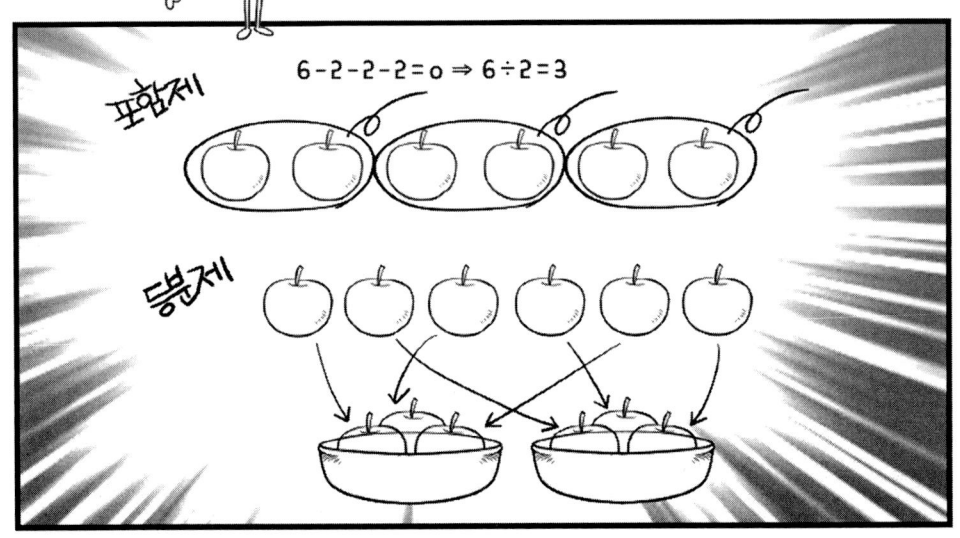

그러나 '사과 6개를 2개의 그릇에 똑같이 나누어 담는 경우, 한 그릇에는 몇 개의 사과가 있겠는가?'를 구하는 나눗셈(등분제)은 앞에서와 같이 빼기로 나타낼 수 없다.

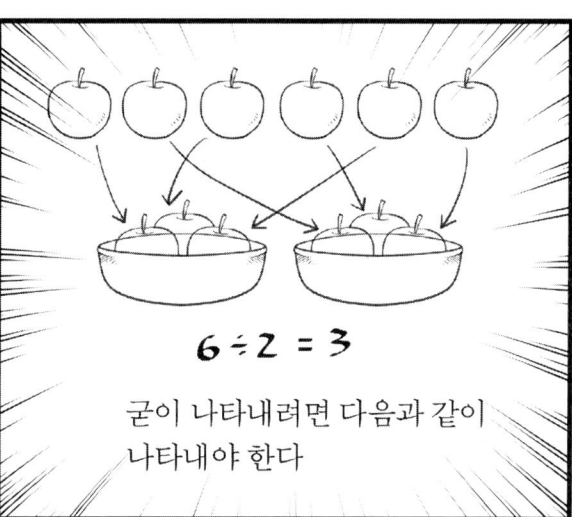

굳이 나타내려면 다음과 같이 나타내야 한다

$$6 \underset{1-1-1}{\overset{1-1-1}{\diagup\diagdown}} = 0$$

하지만 이런 표현은 수학에서 사용하지 않는 것으로 정확한 식이라고 할 수 없다.

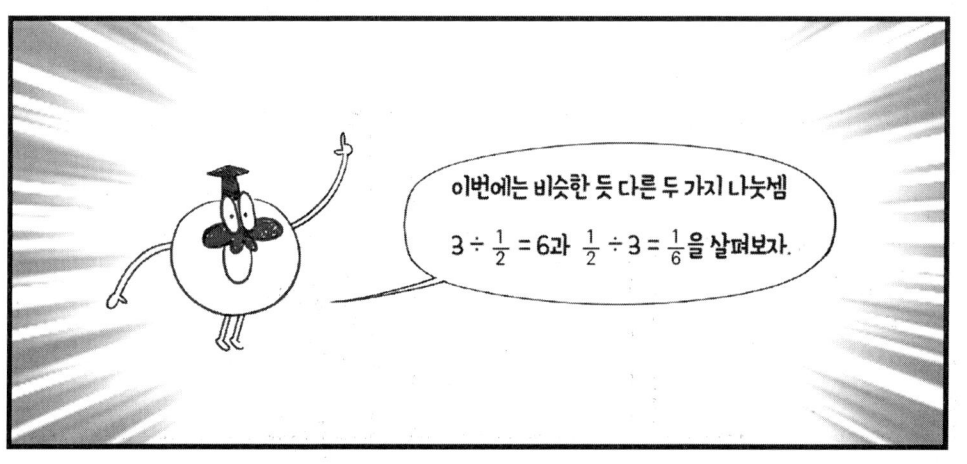

이번에는 비슷한 듯 다른 두 가지 나눗셈 $3 \div \frac{1}{2} = 6$과 $\frac{1}{2} \div 3 = \frac{1}{6}$을 살펴보자.

두 나눗셈식 가운데 어떤 것이 포함제이고 어떤 것이 등분제 일까

먼저 의 경우, $3 \div \frac{1}{2} = 6$의 경우, 3개의 사과에서 반쪽씩 빼면 모두 6번을 뺄 수 있다는 것이므로 포함제이다.

즉, $3 - \frac{1}{2} - \frac{1}{2} - \frac{1}{2} - \frac{1}{2} - \frac{1}{2} - \frac{1}{2} = 0$ 이므로 3에는 $\frac{1}{2}$이 모두 6번 들어있다는 뜻이다.

하지만 3개의 사과를 반 접시에 나누어 놓을 수 있을까?

반만 있는 접시는 있을 수 없기 때문에 이것은 등분제 는 아니다.

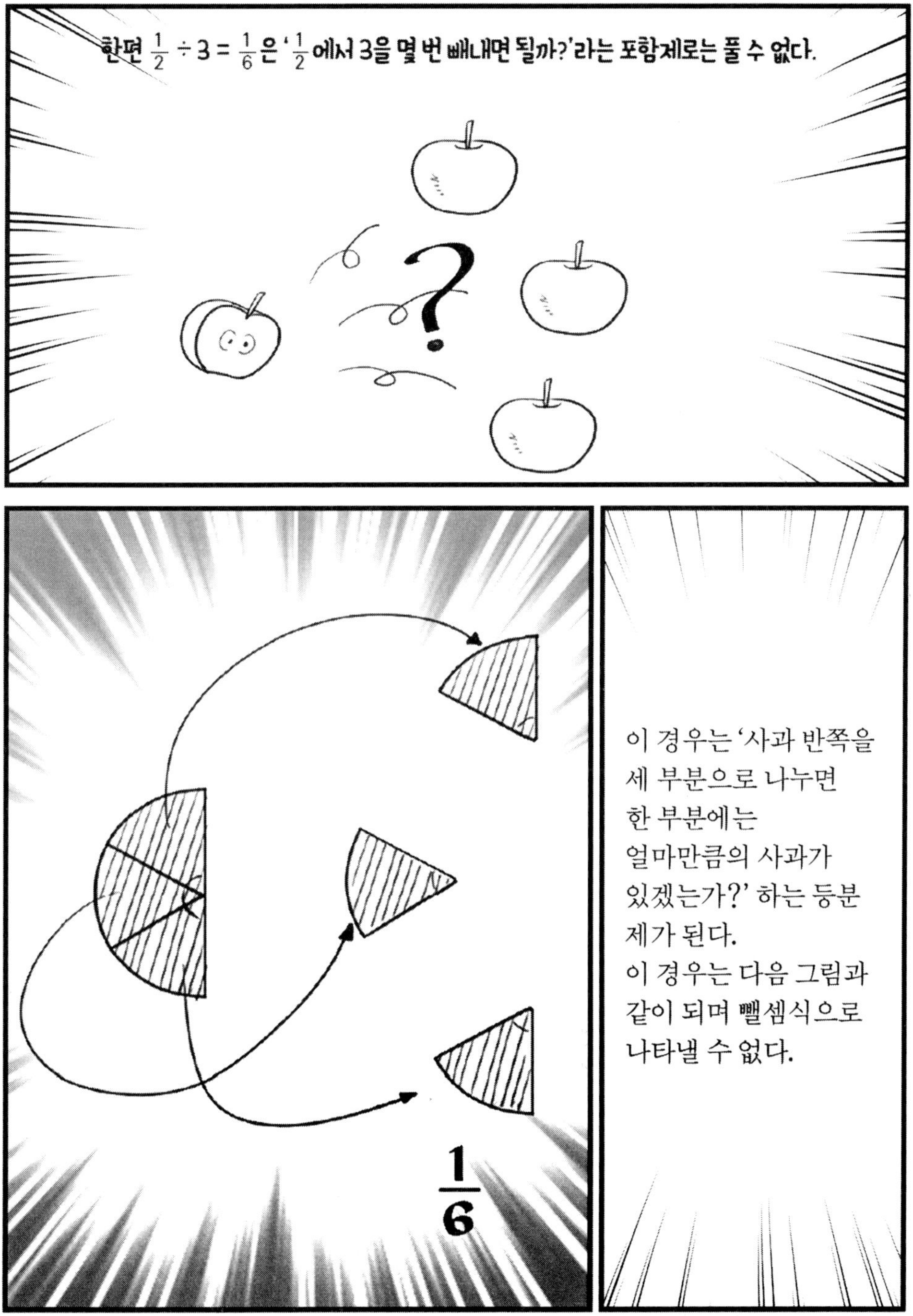

한편 $\frac{1}{2} \div 3 = \frac{1}{6}$ 은 '$\frac{1}{2}$에서 3을 몇 번 빼내면 될까?'라는 포함제로는 풀 수 없다.

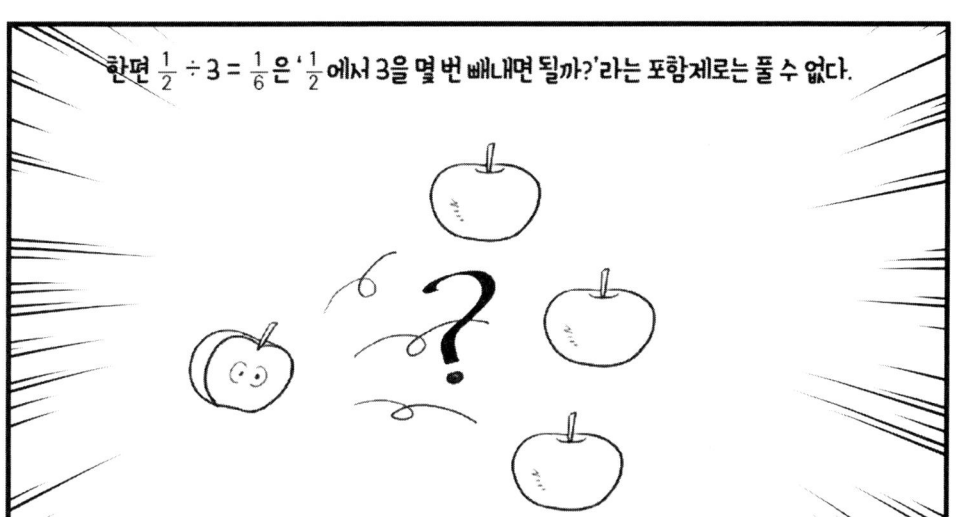

이 경우는 '사과 반쪽을 세 부분으로 나누면 한 부분에는 얼마만큼의 사과가 있겠는가?' 하는 등분제가 된다.
이 경우는 다음 그림과 같이 되며 뺄셈식으로 나타낼 수 없다.

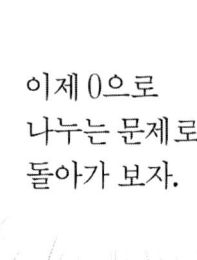
이제 0으로 나누는 문제로 돌아가 보자.

5를 2로 나누면 5의 절반은 2.5이므로 답은 2.5이다.

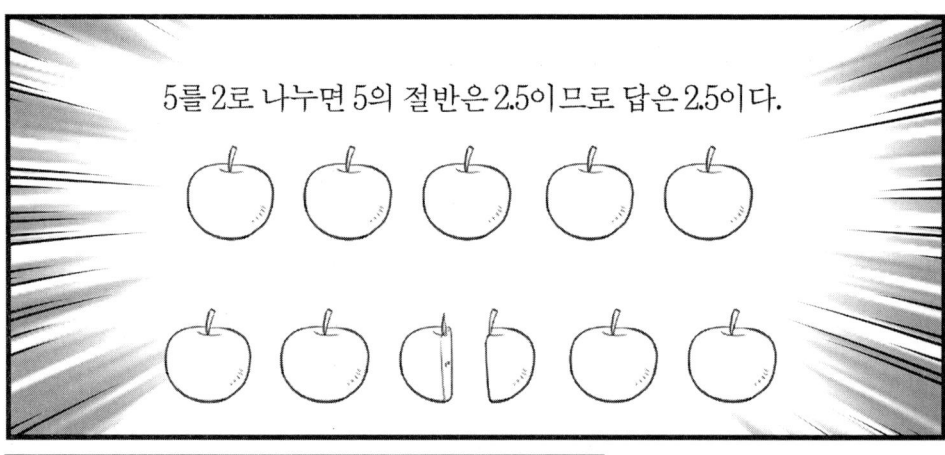

5에는 5가 한 번 들어가므로 5 ÷ 1 = 5이다

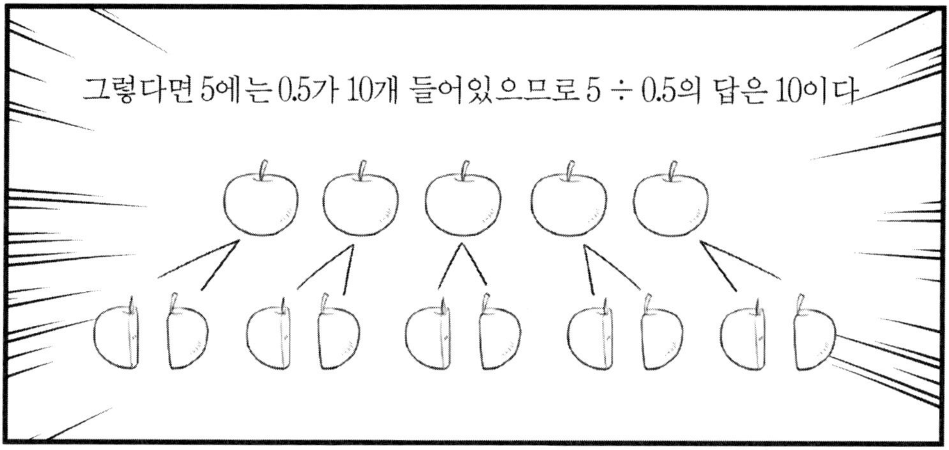

그렇다면 5에는 0.5가 10개 들어있으므로 5 ÷ 0.5의 답은 10이다

작아지면 커지네?!

그런데 아무에게도 나누어주지 않았는데 가지고 있는 양을 계산할 수는 없다. 즉, 사람이 없는데, 없는 사람이 가지고 있는 양을 구할 수는 없다. 결국 이 문제는 등분제로도 해결할 수 없다. 따라서 5를 0으로 나누는 것은 생각할 수 없다

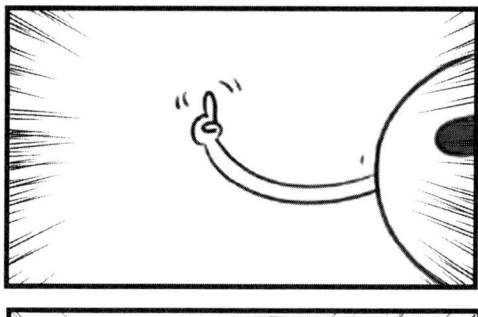

그러네...

즉 $\frac{5}{0}$의 계산은 불가능하다.

이번에는 $0 \div 5 = \frac{0}{5}$을 생각해 보자.

$0 \div 5 = \frac{0}{5}$

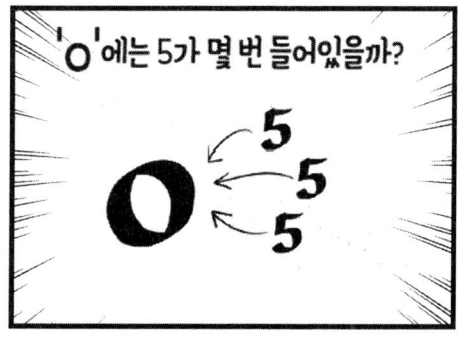

'0'에는 5가 몇 번 들어있을까?

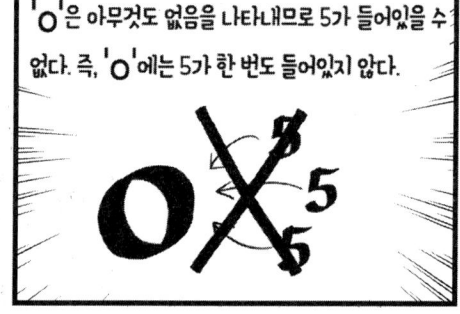

'0'은 아무것도 없음을 나타내므로 5가 들어있을 수 없다. 즉, '0'에는 5가 한 번도 들어있지 않다.

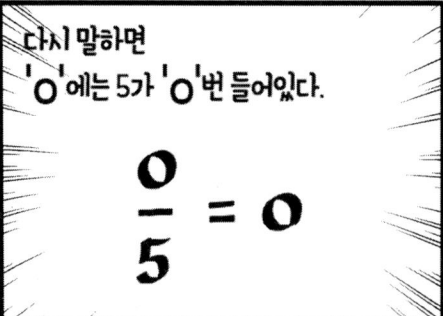

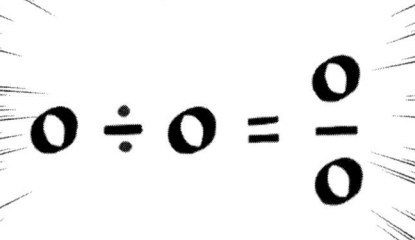

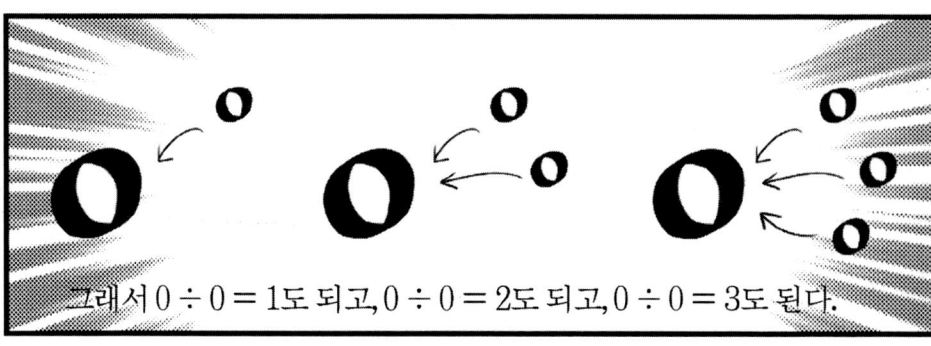

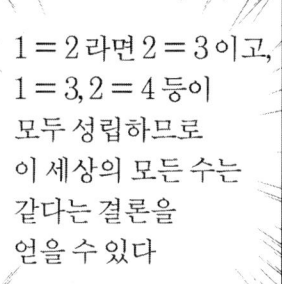

나 교황 그레고리우스 13세가 규칙을 정했지~

현재 우리가 사용하고 있는 달력인 그레고리력은 1582년에 받아들여졌다.

그래서 그레고리력은 기원전 1년에서 기원후 1년 사이에 중간 년도 없이 그냥 건너뛰었다.
즉, 달력에 처음 시작하는 '0'년이 없다.

0은 없는 거잖아. 그냥 건너뛰어!

기원 전 1년 / 기원 후 1년

달력에서 B.C.는 'Before Christ'의 준말로 '그리스도 이전'을, A.D.는 'Anno domini'의 준말로 '그리스도의 해' 라는 뜻이다.

내가 기준!

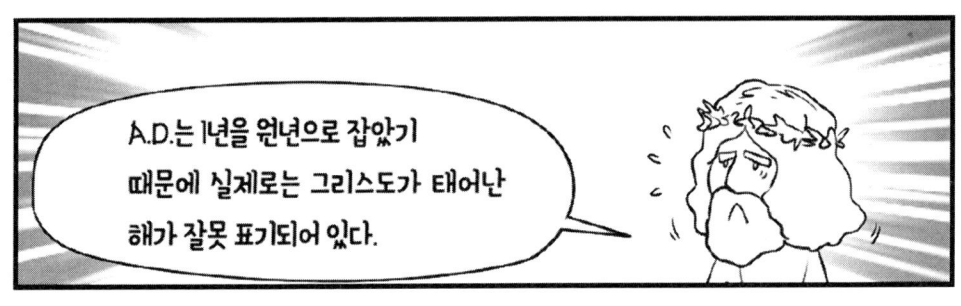

A.D.는 1년을 원년으로 잡았기 때문에 실제로는 그리스도가 태어난 해가 잘못 표기되어 있다.

A.D. 2년에 그리스도가 한 살, A.D. 3년에는 그리스도가 3살이었다.

당시에는 '0'이 널리 사용되지 않았기 때문에 2세기의 시작인 100년은 A.D. 101년이며, A.D. 2001년은 실제로는 그리스도의 나이가 2000년이 되는 해이다.

한편 1999년에서 2000년으로 넘어가면서 컴퓨터들은 소위 밀레니엄 버그라 불리는 오류를 일으킬 것으로 예측했다.

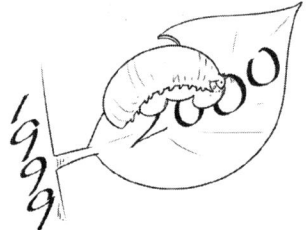

99가 00으로 되면서 컴퓨터들이 2000년을 1900년으로 잘못 인식했기 때문이다.

그래서 이 오류를 수정하기 위해 많은 돈을 들여 소프트웨어를 업데이트할 수 있도록 조치했다.
하지만 밀레니엄 버그는 발생하지 않았으며 프로그래머들만 돈을 벌었다.

이처럼 '0'은 없지만 실제로 존재하며 우리들 곁에 항상 함께 있는 수이다.

수 1과 원

14세기에 교황 베네딕투스 12세는 바티칸에서 일할
화가를 뽑기 위하여 각자 자신만의 작품을 제출하라고 했다.
당시 디자인과 구성의 대가로 알려진 피렌체의
조토(Giotto, 1266-1337)는 커다란 도화지 위에 달랑 원 하나만 그려냈다.
그랬는데, 조토는 바티칸의 화가로 선발되었다.
그가 그린 원을 '조토의 원'이라고 하는데, 단순히 원 하나만 그려
냈는데, 바티칸은 왜 그를 선발했을까?

고대 수 철학자들에게
원은 1을 상징했다.

원으로 표현되는
1의 원리를
그리스어로
모나드(monad)
라고 한다

monad

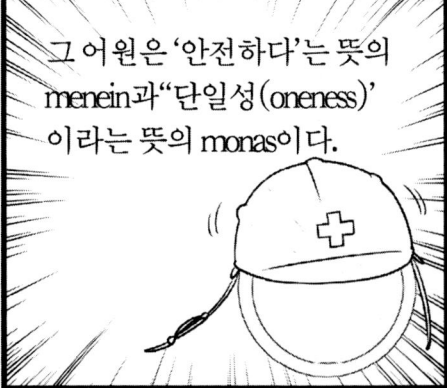

그 어원은 '안전하다'는 뜻의
menein과 "단일성(oneness)"
이라는 뜻의 monas이다.

고대 수 철학자들은 모나드가 그 다음에 이어지는 모든 수들을 만들어낸다고 생각했다.

$$1 \times 1 = 1$$
$$11 \times 11 = 121$$
$$111 \times 111 = 12321$$
$$1111 \times 1111 = 1234321$$
$$11111 \times 11111 = 123454321$$
$$111111 \times 111111 = 12345654321$$
$$1111111 \times 1111111 = 1234567654321$$
$$11111111 \times 11111111 = 123456787654321$$
$$111111111 \times 111111111 = 12345678987654321$$

그래서 1을 하나의 수로 간주하지 않고 모든 수의 부모로 생각했다.

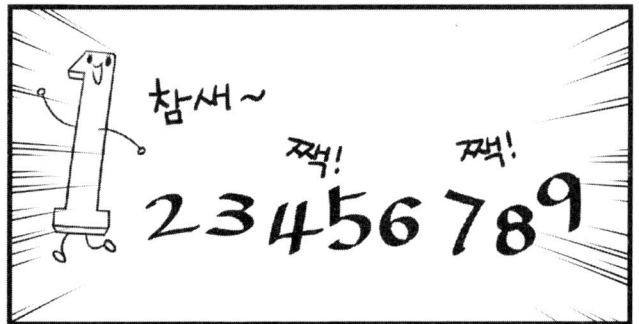

1은 모든 것에 존재하지만 분명하게 드러나지 않을 뿐이라고 생각했다

난 모든 것에 존재한다!

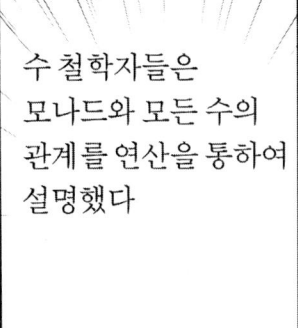

수 철학자들은 모나드와 모든 수의 관계를 연산을 통하여 설명했다

어떤 수에 1을 곱하면 항상 그 수 자신이 된다.

그래서 1은 만나는 모든 것의 속성을 그대로 보존한다고 생각했다. 결국 수 철학자들은 1을 한 개의 원으로 표현했다. 원은 단순한 곡선 이상의 존재이다.

원은 자연을 나타내는 여러 가지 표현 중에서 가장 경이로운 최초의 문자이다. 왜냐하면 모든 원은 모양이 똑같고 단지 크기만 다를 뿐이기 때문이다. 그 결과로 등장하는 특별한 수가 바로 원주율 π = 3.1415926 · · · 이다. 원주율은 원의 지름에 대한 원의 둘레의 비율로 모든 원은 항상 같은 비율 π 를 갖는다.

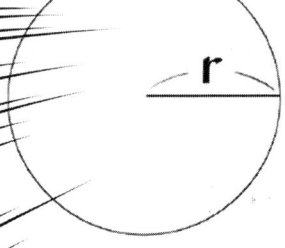

원의 둘레 = $2\pi r$

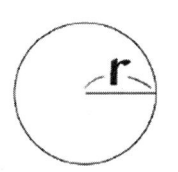

원의 둘레 = $2\pi r$

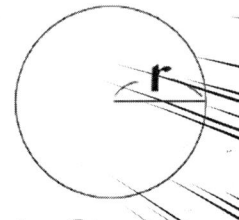

원의 둘레 = $2\pi r$

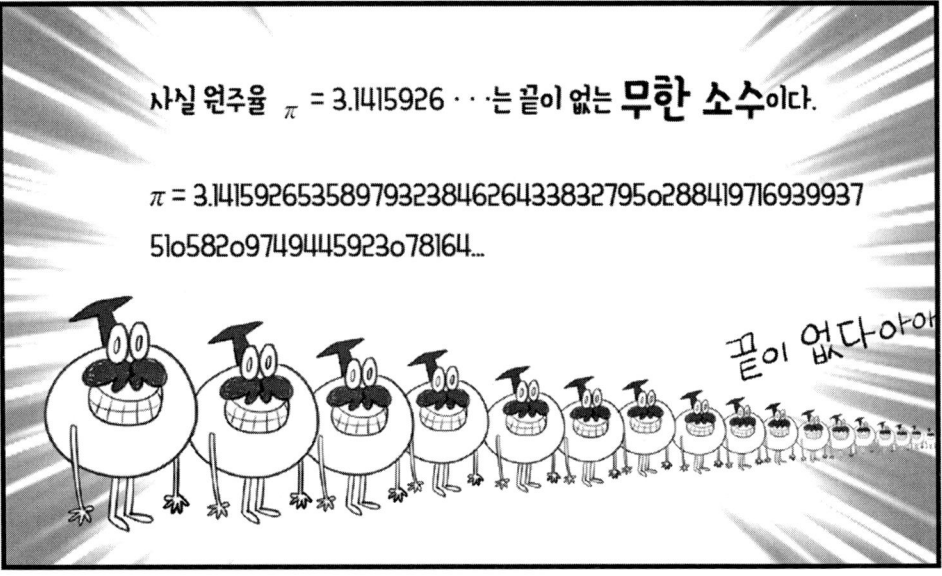

π와 같이 소수점 아래의 숫자들이 순환하지 않으며 무한히 계속되는 소수를 **무리수**라고 한다.

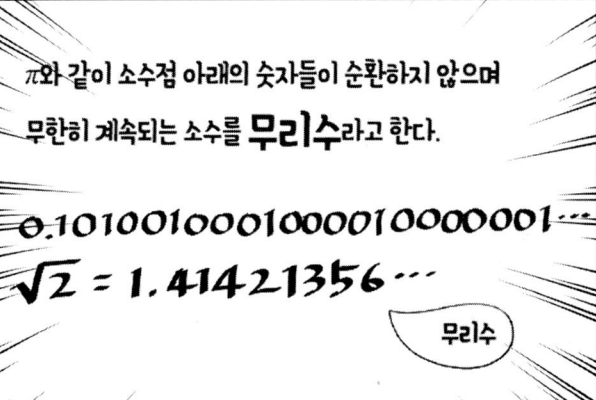

반면에 소수점 아래의 숫자들이 같은 수가 반복되어 순환하거나 유한인 수를 유리수라고 한다.

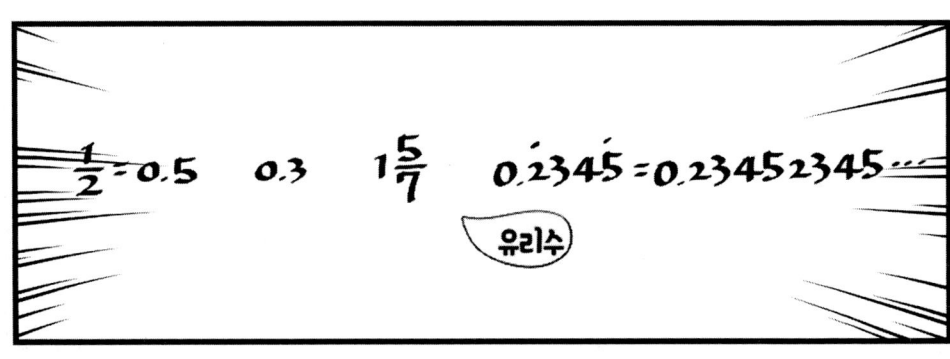

그리고 모든 유리수는 정수 p, q에 대하여 분모가 0이 아닌 기약분수 $\frac{p}{q}$로 나타낼 수 있다.

원에는 특별한 성질이 있다.

원의 둘레 $= 2\pi r$

이를테면, 반지름의 길이 r이 유리수라면 $r = \frac{p}{q}$로 나타낼 수 있고, 원의 둘레는 $2\pi r$이므로 $2\pi r = \frac{2p}{q} \times \pi$이다. 그런데 π가 무리수이므로 $\frac{2p}{q} \times \pi$는 (유리수) × (무리수)의 꼴이다.

따라서 유리수에 무리수를 곱하면 무리수가 되므로 이 원의 둘레는 무리수이다. 그래서 원은 하나의 몸속에 유리수와 무리수 결국 유한과 무한을 모두 지니고 있는 최초의 도형이다.

원은 유한과 무한을 모두 지니고 있지요.

그리고 원은 우리가 알아채든 그렇지 않든, 항상 우리 주변과 우리 안에 존재한다. 우리의 몸통과 나무의 줄기는 원기둥 모양이고, 과일은 대부분이 동그랗게 생겼다. 동그랗지 않은 과일조차도 둥근 원기둥 모양을 하고 있다. 또 우리 몸의 혈관은 모두 원통 모양이고, 적혈구와 같은 세포도 둥근 모양을 하고 있다. 각종 탈 것의 바퀴와 운전대 등 원은 우리 주변 곳곳에서 발견할 수 있다. 심지어 마음이 너그럽고 성격이 좋은 사람을 원에 빗대어 '원만(圓滿)하다'고 한다.
이때 '원만'은 원처럼 둥글둥글하고 꽉 찼다는 의미이다.

원은 이상적으로 완전하고 신성한 상태를 나타내는 우주를 상징한다. 그래서 여러 종교에서는 신성한 상태를 나타내는 '하늘', '천국', '영원', '깨달음' 등의 상징으로 원을 사용해왔다. 조토가 그린 원은 바로 이런 우주적인 이상을 표현했던 것이다.

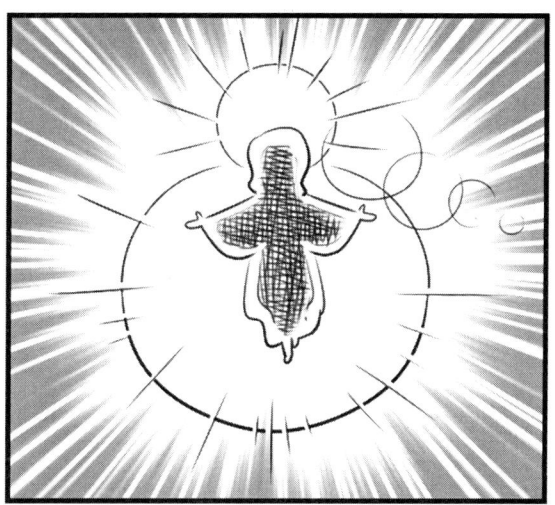

그리스 최고의 철학자인 아리스토텔레스는 원에 대하여 다음과 같이 말했다. "원, 이것만큼 신성한 것에 어울리는 형태는 없다. 그러기에 신은 태양이나 달, 그 밖의 별들 그리고 우주 전체를 원 모양으로 만들었고, 태양과 달 그리고 모든 별들이 원을 그리면서 지구 둘레를 돌도록 하였던 것이다." 우주가 지구를 중심으로 돌고 있다는 아리스토텔레스의 천동설이 옳지 않다는 것은 이미 판명되었고, 별들이 원을 그리면서 도는 것도 아니다. 하지만 그는 원을 신과 우주에 비유하며 원의 완벽함을 찬양했다.

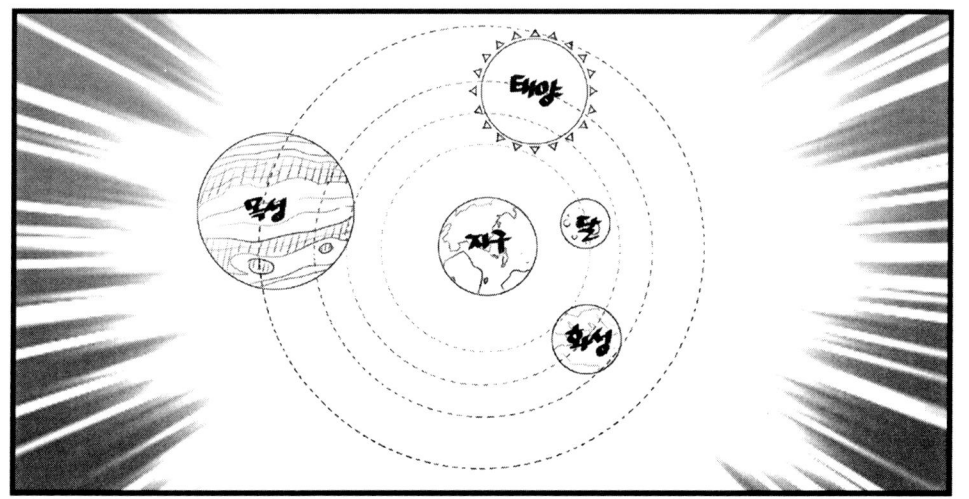

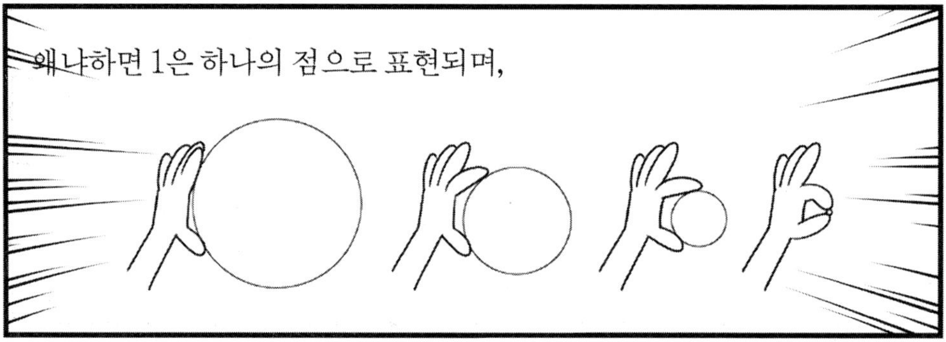

왜냐하면 1은 하나의 점으로 표현되며,

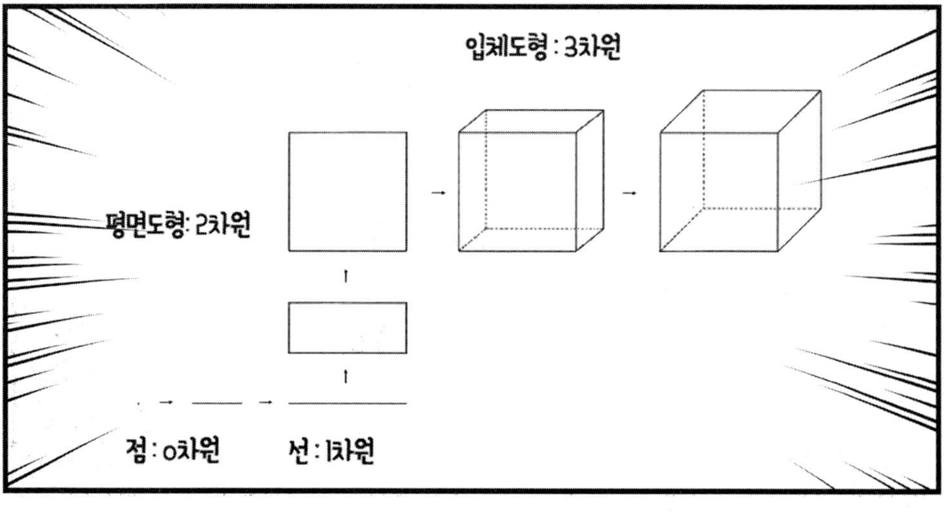

선은 점에서 시작되고 평면은 선에서 시작되며 삼차원 입체는 평면에서 시작되므로, 1은 창조의 첫 번째 원리이고 모든 것에 잠재되어 있기 때문이다.

수 철학자들은 1을 하나의 수로 생각하지 않고 모든 수의 부모로 간주하며, 3가지 원리가 있다고 했다.

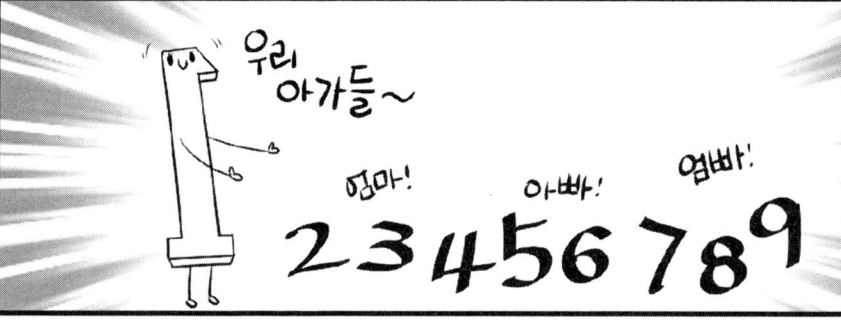

1의 첫 번째 원리는 빛과 공간과 시간과 힘이 모든 방향으로 고르게 펼쳐 나가는 것이다. 이는 우주의 창조과정을 기하학적으로 은유하여 표현한 것이다. 원이 균일하게 팽창해 나가는 힘은 서로 다른 물질을 통해서도 작용한다. 물이 담겨 있는 둥근 그릇을 두드리면 완전한 동심원들이 나타나 중심으로 모여들었다가 중심을 지나 다시 바깥쪽으로 퍼져나간다.
자연은 물결, 물이 떨어지며 튀기는 모양, 거품, 꽃, 폭발하는 별 등에서 동심원으로 균일하게 팽창해나간다. 이것이 바로 모나드의 첫 번째 원리이다.

1의 두 번째 원리는 원의 회전운동으로 표현된다.

원의 회전에 대하여 영국의 법학자이자 시인인 존 데이비스(John Davies, 1569-1626)의 재미있는 설명이 있다. 그는 지구가 돌고 있는 것에 대하여 짧지만 재치 있는 시를 썼다.

세계(world)를 보라. 어떻게 빙빙 돌고 있는지를(whirled around). 그렇게 빙빙 돌고(whirl'd) 있기 때문에 그런 이름(world)이 붙었지.

정지해 있는 원의 중심과는 달리 원주는 운동을 나타낸다.

컴퍼스의 바늘을 중심에 두고 컴퍼스를 돌려 원을 그리는데, 이 원리가 우주를 기하학적으로 그리는데 활용되었다는 것이 모나드의 두 번째 원리인 것이다.

컴퍼스로 원을 그릴 때를 생각해 보면 쉽게 이해할 수 있다.

원의 회전은 자연에서의 일반적인 주기와 순환, 궤도, 규칙성, 진동, 리듬 등을 나타낸다.

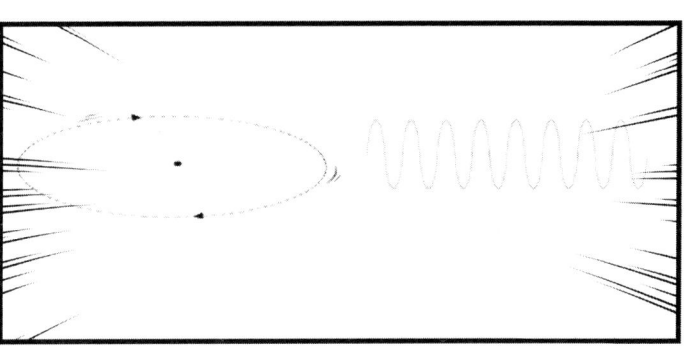

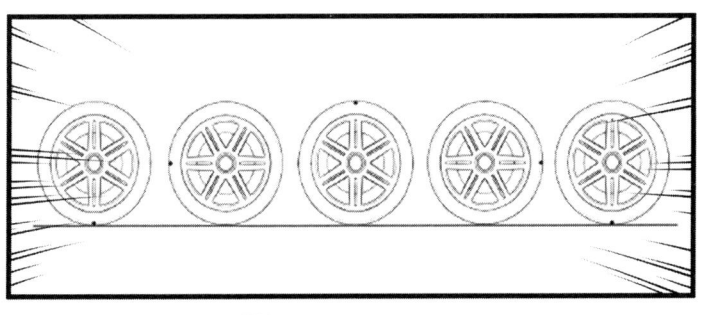

바퀴에 점을 하나 찍고 회전시키면 점은 올라갔다 내려갔다 한다

회전하면 오르락내리락하는 점은 감정의 주기나 계절의 변화, 밤과 낮, 문화의 흥망성쇠 등과 같다.

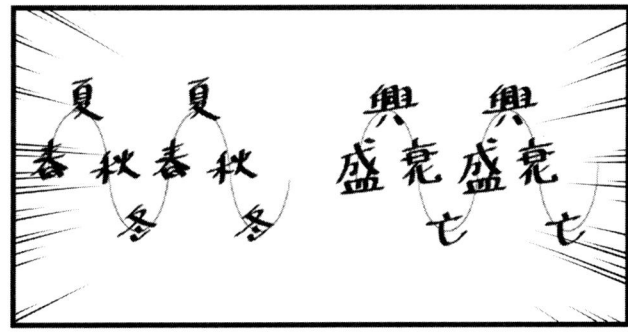

즉 원의 중심은 '없음(무, empty)'을 표현한다.

마지막 세 번째 원리는 원의 내부의 넓이와 관련 있는 최대의 효율성에 있다. 원은 단순한 곡선이 아니다. 원의 중심은 점이고, 0차원의 점은 위치만 있지 크기나 두께 또는 넓이를 갖지 않는다.

그러나 원의 둘레 위에는 무한히 많은 점이 있기 때문에 원은 '없음'과 '무한'을 동시에 갖고 있다.

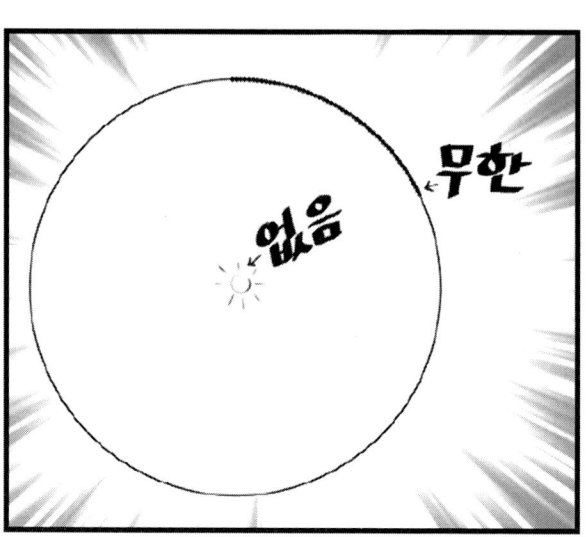

한 가지 더. 원점과 원의 둘레 사이에 공간이 있다.

원의 둘레와 같은 길이로 만들 수 있는 여러 도형 중에서 이 공간의 넓이가 가장 넓다. 즉, 인간이 고안한 모든 모양 중에서 최소의 길이로 최대의 공간을 확보할 수 있는 것이 원이다.

예를들어 길이가 12cm인 끈으로 정다각형을 만든다고 할 때, 어느 것의 넓이가 가장 넓은 지 알아보자. 먼저 정삼각형, 정사각형, 정육각형의 한 변의 길이는 다음 그림과 같이 각각 4cm, 3cm, 2cm이다. 이때, 한 변의 길이가 4cm인 정삼각형의 넓이는 약 6.928㎠이고, 한변의 길이가 3cm인 정사각형의 넓이는 9㎠, 한 변의 길이가 2cm인 정육각형의 넓이는 약 10.392㎠이다.

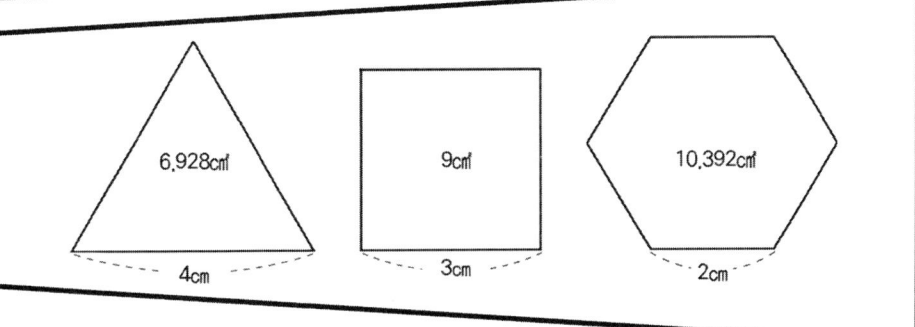

결국 일정한 길이로 가장 넓은 영역을 만들 수 있는 모양으로는 정육각형이 가장 적당하다. 즉 원에 가까운 모양일수록 더 넓어진다

또 원주율을 $\pi = 3$이라고 하고 반지름을 r이라 하면 원의 둘레가 12cm이므로 $2\pi r = 12$, $6r = 12$이다.

따라서 이 원의 반지름은 $r = 2$이고, 원의 넓이는 $\pi r^2 = 3 \times 2^2 = 3 \times 4 = 12$이다.

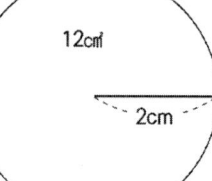

결국 같은 길이의 둘레를 갖는 도형 중에서 원의 넓이가 가장 넓음을 알 수 있다.

이와 관련된 흥미로운 옛날이야기가 있다. 지금부터 2,800년 전 고대 소아시아의 페니키아의 폭군 피그말리온은 여동생 디도여왕을 죽이려 했다

그래서 여왕은 국외로 망명하여 북아프리카의 카르타고에 정착하게 되었다. 그래서 그곳의 주민들은 디도여왕에게 쇠가죽을 주며 그것으로 둘러쌀 수 있는 넓이의 땅만큼만 그녀에게 팔겠다고 했다.

곰곰이 생각에 잠겼던 디도여왕은 쇠가죽을 가늘게 잘라 길게 엮어서 끈을 만든 다음, 이 끈으로 자기가 살 땅의 경계를 두르기 시작했다. 모든 사람들은 여왕이 정사각형 모양으로 땅을 정할 것이라고 생각했다. 하지만 여왕이 만든 경계는 원 모양이었다. 총명한 디도여왕은 일정한 길이의 곡선으로 가장 넓은 넓이를 만들 수 있는 도형은 원이라는 것을 알고 있었다.

그 이후로 일정한 길이로 최대의 넓이를 갖는 도형에 관한 문제를 '디도의 문제'라고 한다. 당연한 것 같은 '디도의 문제'를 수학적으로 증명한 것은 스위스의 수학자 스타이너 (Jacob Steiner, 1796 ~ 1863)였다.

앞에서 이미 우리 주변에서 원을 이용하는 여러 가지 경우의 예를 들었었다.
여기서는 '디도의 문제'에서와 같은 원리에 따라 생활주변에는 원 모양으로 만들어진 물건들에 대하여 간단히 알아보자.

둥근 방패
: 옛날 병사들의 방패를 둥근 모양으로 만든 것은 병사에게 최소의 재료와 무게로 최대한 몸을 보호할 수 있도록 하기 위한 것이었다.

맨홀 뚜껑
: 반지름이 다르다면 원은 자신과 똑같은 모양의 구멍에 빠지지 않는 유일한 모양이기 때문에 길에서 흔히 볼 수 있는 맨홀 뚜껑은 원 모양이 많다. 예를 들어 사각형으로 맨홀 뚜껑을 만든다면 대각선 방향이 변보다 길기 때문에 뚜껑은 구멍 속으로 빠질 수 있다. 하지만 원의 지름은 어느 방향이나 똑같기때문에 길이가 다르다면 빠지지 않는다.

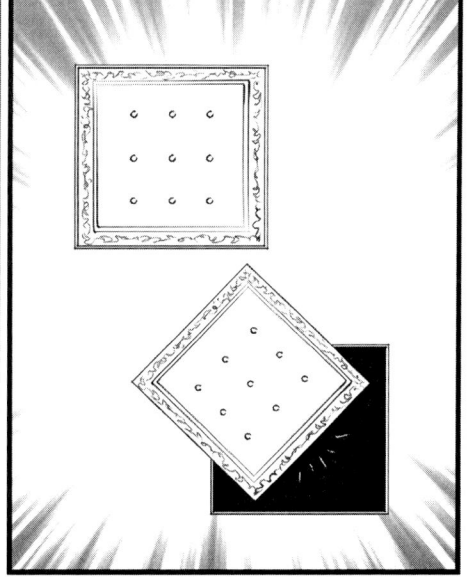

뚜껑의 사각형의 한 변의 길이보다 구멍의 변의 길이가 더 작지만 대각선으로 넣으면 변의 길이가 긴 사각형이 작은 사각형으로 빠질 수 있다.

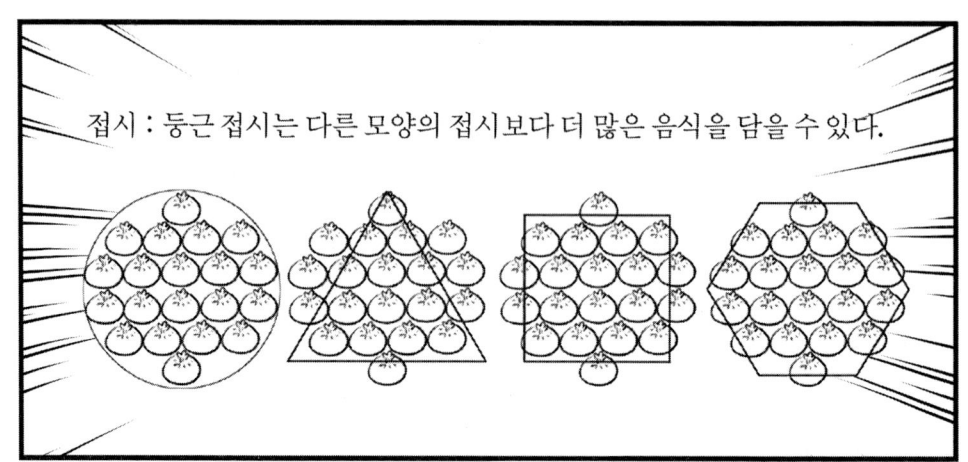

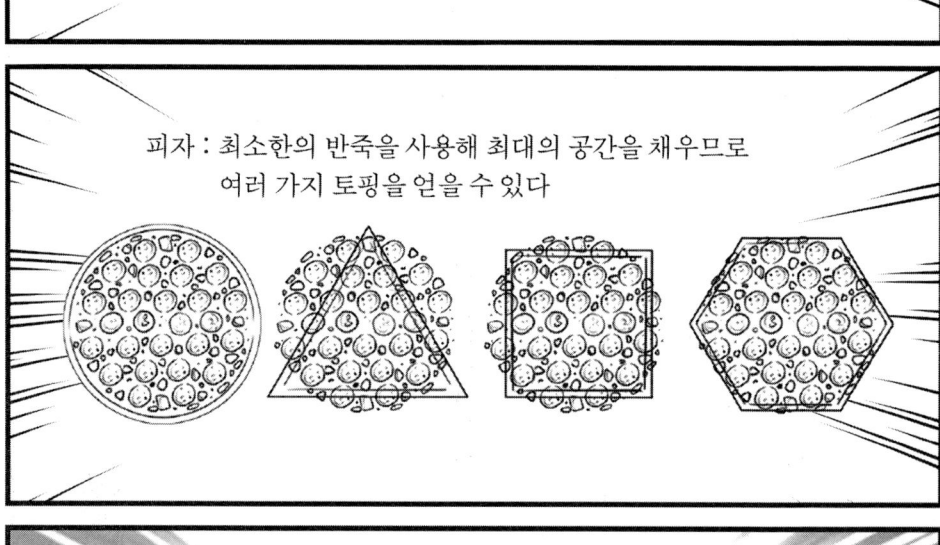

원은 서양뿐만 아니라 동양에서도 매우 중요한 도형이었다.

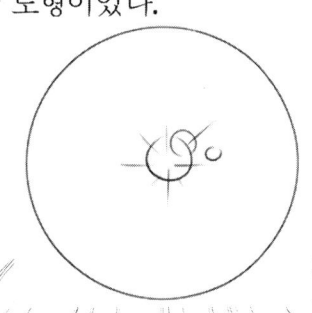

원의 중심은 이집트와 중국 그리고 마야 문명에서 '빛'을 상징하기도 했다.

이처럼 점이나 원으로 표현되는 수 1은 우주를 기하학적으로 작도하는 기초가 되었다.

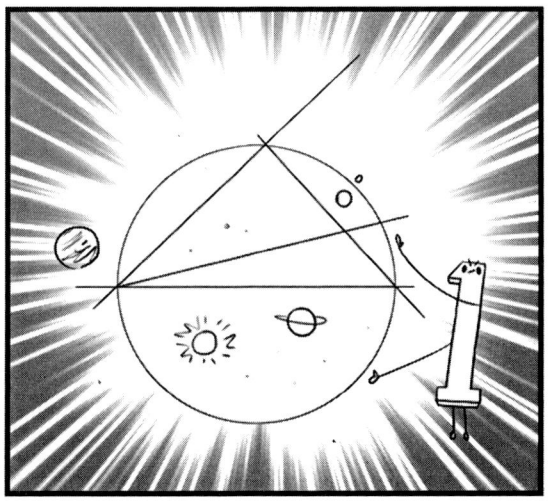

즉 수 1은 모든 정수의 기초가 되고 세상 모든 것에 스며들어 있어서 세상의 물체와 사건의 기초를 이루고 있다고 생각했다.

특히 동양에서 수 1은 양(陽), 남성, 하늘, 길(吉)을 뜻한다.

1로부터 변화된 첫 번째 창조의 과정은 수 2를 만든다.

수2와 소수

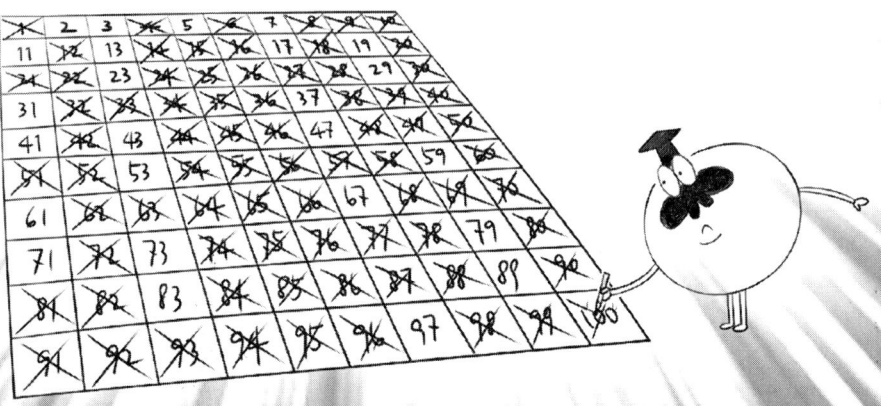

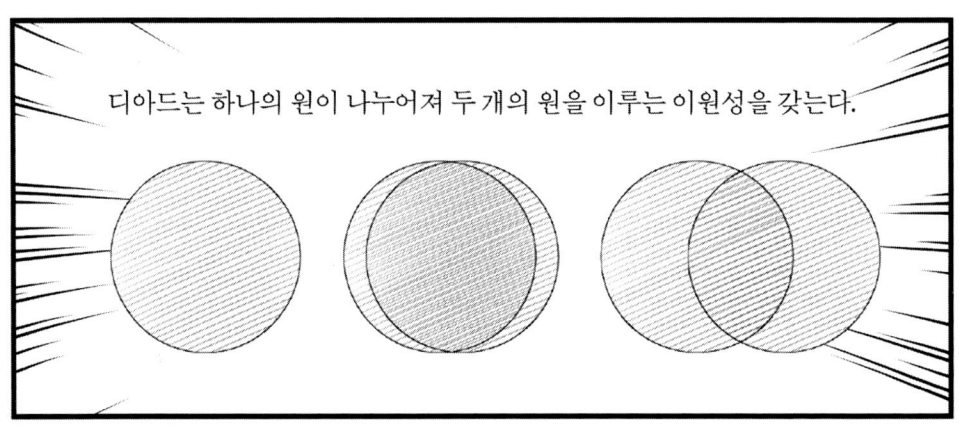

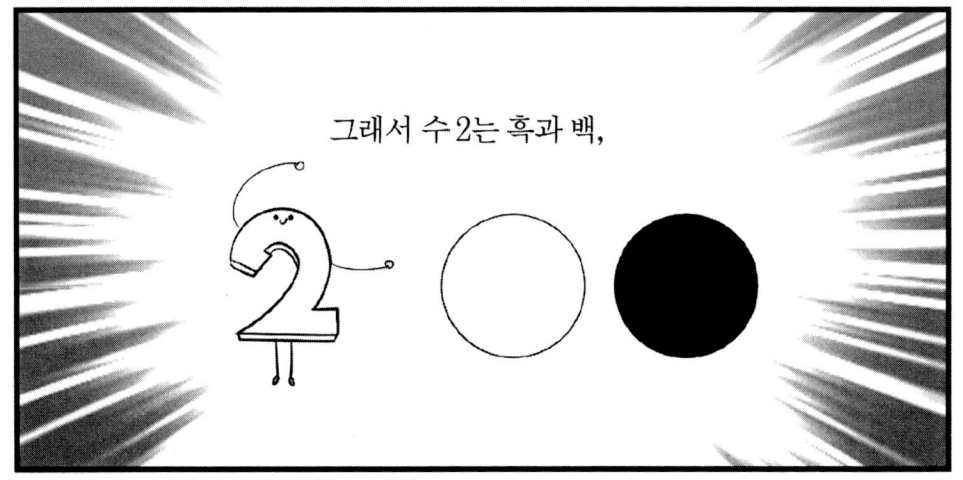

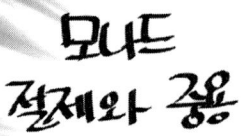 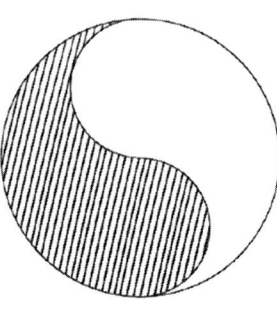

그러나 고대의 수학자들은 2는 반대개념의 원천인 동시에 1과 함께 다른 모든 수들의 부모라고 생각했다.

그래서 고대 수학자들은 1과 2를 수가 아닌 특별한 존재로 여겼다. 왜냐하면 1은 점으로 표현되고, 2는 점 2개가 만든 직선으로 표현되기 때문이고, 점과 직선은 손으로 직접 만질 수 없다는 이유에서이다.

더욱이 1개 또는 2개의 점이나 선으로는 어떤 실제적인 도형이나 모양을 만들 수 없기 때문이다.

하지만 잘 알고 있는 세상의 기하학적 도형들은 모두 점과 선에서 시작한다

점과 선으로 그릴 수 있는 원 두개로 표현되는 2는 아주 독특한 성질을 가지고 있다

고대 수학자들은 수를 서로 더하거나 곱할 때 어떤 성질이 있는지 살펴보았다.

예를 들어
1은 자신과 같은 수를 곱했을 때보다 더했을 때 더 큰 값이 나오는 유일한 수이다.

$1+1 > 1 \times 1$
$2+2 = 2 \times 2$
$3+3 < 3 \times 3$
$\vdots \quad \vdots \quad \vdots \quad \vdots$

2는 자신과 같은 수를 더한 것이 자신과 같은 수를 곱한 것과 같은 결과가 나오는 유일한 수이다.

$1+1 \neq 1 \times 1$
$2+2 = 2 \times 2$
$3+3 \neq 3 \times 3$
$\vdots \quad \vdots \quad \vdots \quad \vdots$

2는 1과 나머지 모든 수를 연결해주는 **입구 역할**을 한다.

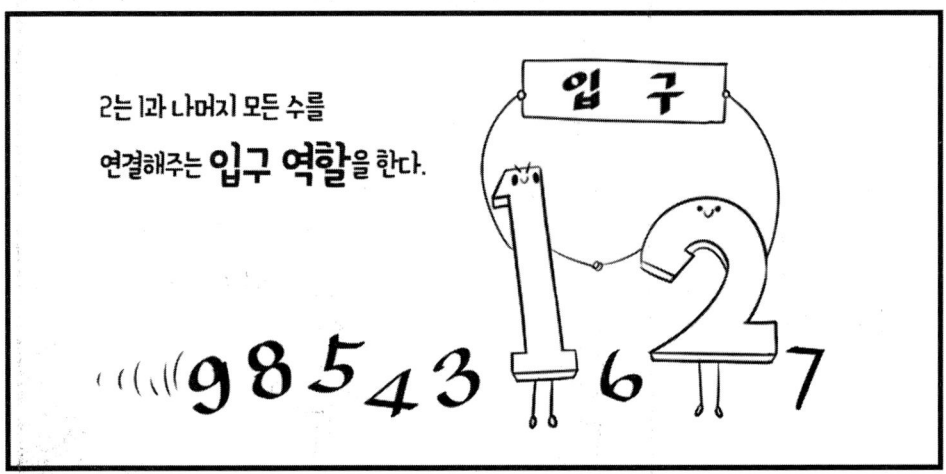

고대 수 철학자들은 두 개의 원을 하나가 여럿이 되고
하나와 여럿이 균형을 이루는 통로로 여겼다.
그래서 2의 상징은 서로 연결된 두 원의 모양을 하고 있다.
두 원 사이에 아몬드 모양으로 서로 겹친 영역은
기하학자, 건축가, 신화 작가들의 관심의 대상이었다.
그 모양을 가톨릭 문화권에서는 '베시카 피시스(vesica piscis)'라고
하는데, 베시카 피시스는 라틴어로 '물고기의 부레'라는 뜻으로
예수를 상징하기도 한다.

인도에서는 이것을 아몬드라는
뜻의 '만돌라'라고 부르는데,
메소포타미아, 아프리카,
아시아를 비롯해 여러 지역의
초기 문명에
널리 알려져 있었다.

베시카 피시스는 '창조의 입'
또는 '카오스의 자궁'으로
불린다. 이렇게 불리는 이유는
이후에 나오는 수는 모두 이
창조의 입으로부터
나오기 때문이다.

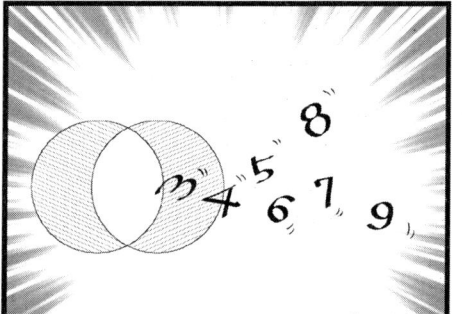

그런데 동양에서 2는
음(陰), 여성, 물(지상),
흉(凶)을 뜻한다.

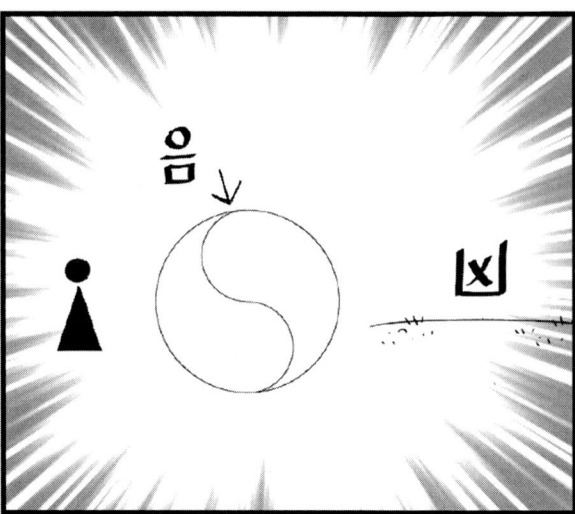

이와 같은 2가 지닌 특성 중에서
가중 중요한 것은 2는
첫 번째 짝수이자
소수(prime number)라는 것이다.

소수는 자기 자신과 1을 제외하고는 약수가 없는 수이다. 1은 약수가 자기자신뿐이므로 소수에서 제외시키며, 20 이하의 소수는 2, 3, 5, 7, 11, 13, 17, 19이다. 수가 점점 커질수록 소수가 나타나는 경우는 줄어들지만 소수는 신기할 정도로 계속해서 나타난다. 1,000,000 근처의 수에서도 소수는 대략 14개에 한 개꼴로 나타난다. 실제로 100 이하의 소수는 다음과 같다. 2, 3, 5, 7, 11, 13, 17, 19, 23, 29, 31, 37, 41, 43, 47, 53, 59, 61, 67, 71, 73, 79, 83, 89, 97 또 1000 이하의 소수는 168개이며, 10000 이하의 소수는 1229개이다.

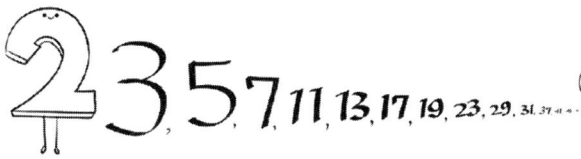 

고대부터 지금까지 수학자들은 소수에 대해 연구해왔다. 2020년 6월까지 발견된 가장 큰 소수는 282589933-1이고, 이 소수를 쓰면 무려 24,862,048자리이다. 그리스 수학자인 유클리드는 기원전 300년경에 소수가 무한히 많다는 사실을 최초로 증명했지만 소수의 여러 가지 유용성 때문에 지금도 수학자들은 더 큰 소수를 발견하기 위하여 노력하고 있다. 하지만 2000년 이상이 지난 지금도 소수를 구하는 공식은 알려지지 않았다.

$$2^{82589933}-1$$

약간 수고스럽지만 소수를 찾는 가장 쉬운 방법은 '에라토스테네스의 체'이다.

예를 들어 1부터 100까지의 자연수 중에서 소수는 다음쪽과 같은 방법으로 찾아낼 수 있다.

① 1은 소수가 아니므로 지운다.
② 2를 남기고, 2의 배수를 모두 지운다.
③ 남은 수 중에서 가장 작은 수 3을 남기고, 3의 배수를 모두 지운다.
④ 남은 수 중에서 가장 작은 수 5를 남기고, 5의 배수를 모두 지운다.
⑤ 남은 수 중에서 가장 작은 수 7을 남기고, 7의 배수를 모두 지운다.
이런 과정을 계속하면 마침내 체 안에 동그라미 친 수만 남게 되는데, 이것이 바로 소수들이다.
즉, 남은 수
2, 3, 5, 7, 11, 13, 17, 19, 23, 29, 31, 37, 41, 43, 47, 53, 59, 61, 67, 71, 73, 79, 83, 89, 97은 모두 100보다 작은 소수이다.

소수는 여러 가지 유용한 성질이 있기 때문에 다양한 분야에서 활용되고 있다.
소수가 이용되는 가장 유명한 분야는 암호이다.

소인수분해에 관한 내용만 간단히 알아보자. 오늘날 가장 널리 사용되고 있는 암호는 공개키 암호다. 공개키 암호란 암호 방식의 한 종류로, 사전에 비밀 키를 나눠 갖지 않은 사용자들이 안전하게 통신할 수 있도록 한 암호다. 공개키 암호 방식에서는 공개키와 비밀 키가 존재하며, 공개키는 누구나 알 수 있지만 그에 대응하는 비밀 키는 키의 소유자만이 알 수 있다. 공개키 암호 중에서 특히 RSA 암호는 1978년 매사추세츠 공과대학(MIT)의 리베스트(R. Rivest), 샤미르(A. Shamir), 아델먼(L.Adelman)이 공동으로 개발했기 때문에 그들 이름의 앞 글자를 따서 RSA라고 이름 붙였다.

RSA 암호는 큰 수의 소인수분해에는 많은 시간이 소요되지만 소인수분해의 결과를 알면 원래의 수는 곱셈에 의해 간단히 구할 수 있다는 사실에 바탕을 두고 있다.

일반적으로 전달하려고 하는 문장이나 식을 평문이라고 하고, 평문을 공개키를 이용하여 암호화한 문장을 암호문, 암호문을 원래의 문장으로 바꾸는 것을 '복호(複號)'라고 하는데, 기본적으로 다음과 같은 규칙으로 진행된다.

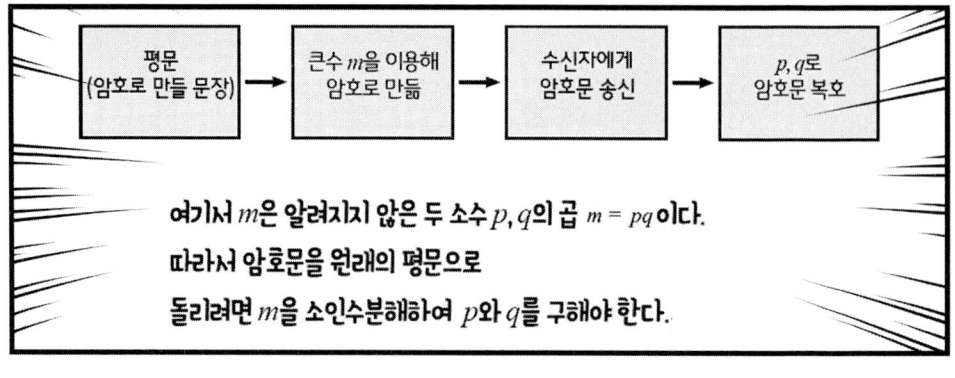

여기서 m은 알려지지 않은 두 소수 p, q의 곱 $m = pq$이다. 따라서 암호문을 원래의 평문으로 돌리려면 m을 소인수분해하여 p와 q를 구해야 한다.

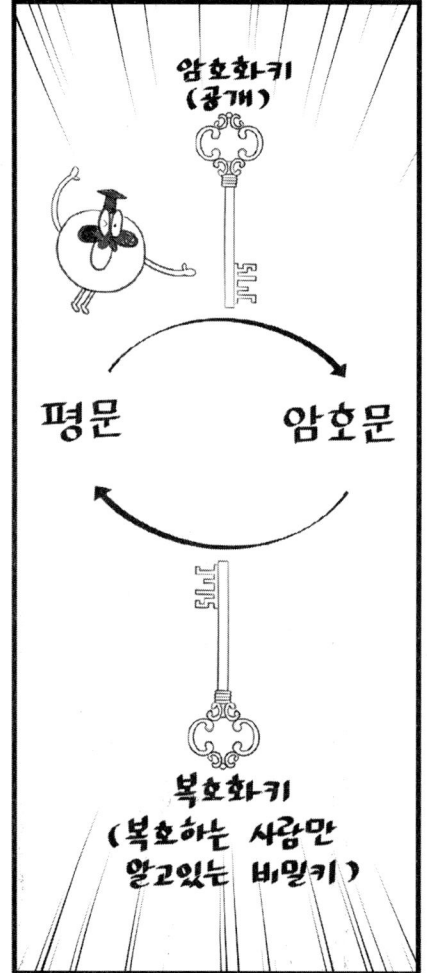

다음 수들은 두 소수를 곱한 것들이다. 과연 어떤 소수들을 곱한 것일까?
① 221
② 1,147
③ 11,021
④ 75,067
⑤ 4,067,351

아마도 ①과 ②는 비교적 빠른 시간 안에 2개의 소수를 찾을 수 있었을 것이다. 221=13×17이고 1147=31×37이므로 ①의 경우 13과 17이고, ②는 31과 37이다.
하지만 ③의 경우 두 소수 103과 107을 찾는 것은 쉽지 않다.
더욱이 ④의 271과 277은 더 어렵고, ⑤의 1,733과 2,347은 아마도 찾기를 포기했을 수도 있다.
이처럼 어떤 수가 두 소수의 곱이라고 할 때 그 두 소수가 무엇인지 찾는 것은 쉽지 않은 문제다.

예를 들어 어떤 암호를 만드는 데 두 소수를 곱한 수 4,067,351을 이용했다는 사실을 공개했다고 가정하자.
암호를 복호하기 위해서는 이 수가 어떤 소수들의 곱으로 되어 있는지 알아야 한다. 그런데 두 소수 1,733과 2,347을 주고 이들의 곱을 계산하라는 문제는 아주 쉽지만, 거꾸로 4,067,351이 어떤 소수들의 곱으로 되어 있는지를 찾는 소인수분해 문제는 매우 어렵다.
RSA 암호는 바로 이와 같은 원리를 이용한 것이다.
이런 원리는 마치 들어가기는 쉽지만 나오기는 어려운 덫에 설치된 문과 같기 때문에 '덫문'이라고도 한다.

RSA 암호가 처음 소개되었을 때, 예로 들었던 두 소수의 곱은 다음과 같다

$m = 14381625757888867669235779976146612o1o2$
$18296721242362562561842935706935245733 8978$
$3o597123563958705058989o7514759929oo26879$
543541

이... 읽기도 어렵다...

당시 알려진 정수의 인수분해 알고리즘을 이용하여 위의 m을 두 소수의 곱으로 인수분해 하는 데는
약 40,000,000,000,000,000년 이 걸릴 것으로 예상했다.

그러다가 약 18년 뒤인 1994년에 인수분해 알고리즘이 개량되어
$m = pq$인 두 소수 p, q가 각각 다음과 같다는 것을 알아냈다.

p = 3490529510847650949147849619903898133417764638493387843990820577

q = 32769132993266709549961988190834461413177642967992942539798288533

RSA 암호체계의 안전성은 정수의 인수분해 문제가 어렵다는 사실에 근거를 두고 있다.

200자리의 수를 인수분해하는 데는 상당한 시간이 걸릴 것으로 예상되므로, 서로 다른 두 소수 p, q를 보통 100자리 정도의 소수로 택한다.

공개키 암호체계는 오늘날 은행 저금통장의 비밀번호에서부터 인터넷에서 사용되는 ID와 암호등에 이르기까지 다양하게 이용되고 있다.

고대 수 철학자들에게 3부터가 진짜 수였다

모나드와 디아드로 불리는 1과 2가 베시카 피시스와 결합하면, 자연계의 여러 가지 형태와 기하학적인 모양과 패턴을 만들어낸다.

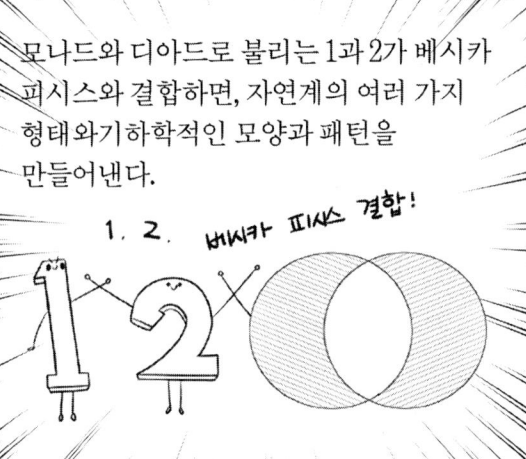

그래서 베시카 피시스는 '카오스의 자궁', '밤의 여신의 자궁', '창조의 단어를 말하는 입'으로 불리기도 했다.

이런 디아드를 통과하면 이제 균형과 구조의 원리를 전하는 '트라이드(Triad)'를 만난다.

피타고라스학파들은 1과 2를 수들의 '부모'로 여겼기 때문에 그 사이에서 처음으로 태어난 3은 최초의 수이자 가장 오래된 수이다. 트라이드는 정삼각형으로 표현되며, 정삼각형은 베시카 피시스의 문을 통해 출현하는 최초의 모양으로 다자 중 첫 번째 것이다.

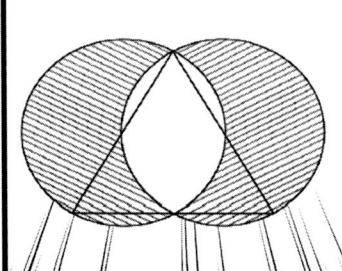

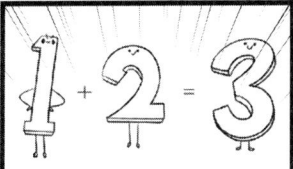

1과 2를 부모로 하여 태어난 최초의 수로 트리아드인 3은 자기보다 작은 수를 모두 더한 것과 같은 유일한 수이다

또 자기보다 작은 모든 수들을 합한 값이 자기보다 작은 모든 수들을 곱한 값과 같은 유일한 수 이기도 하다.

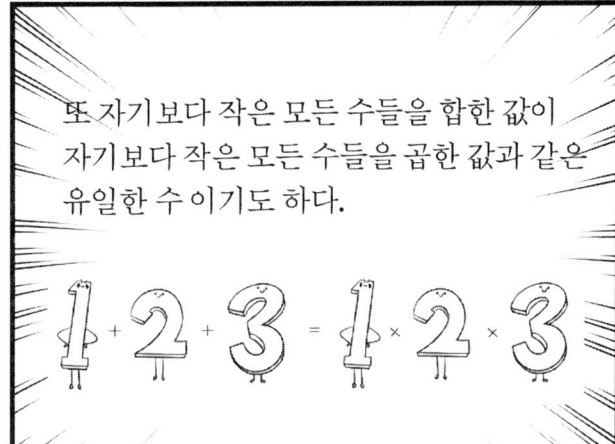

그래서 트리아드는 완전성으로 표현되고, 전체이고 완벽한 모든 것의 원리이며 시작과 중간과 끝을 갖는 모든 일을 가능하게 한다.

이러한 트리아드에 대하여 고대 수 철학자인 이암블리코스는 다음과 같이 말했다

"트리아드는 모든 수를 능가하는 특별한 아름다움과 공정함을 가지고 있는데, 그 주된 이유는 트리아드가 모나드의 잠재성이 최초로 현실화된 것이기 때문이다."

트리아드는 과거, 현재, 미래를 이끌어 내기 때문에 지혜와 예언을 구체화한다.

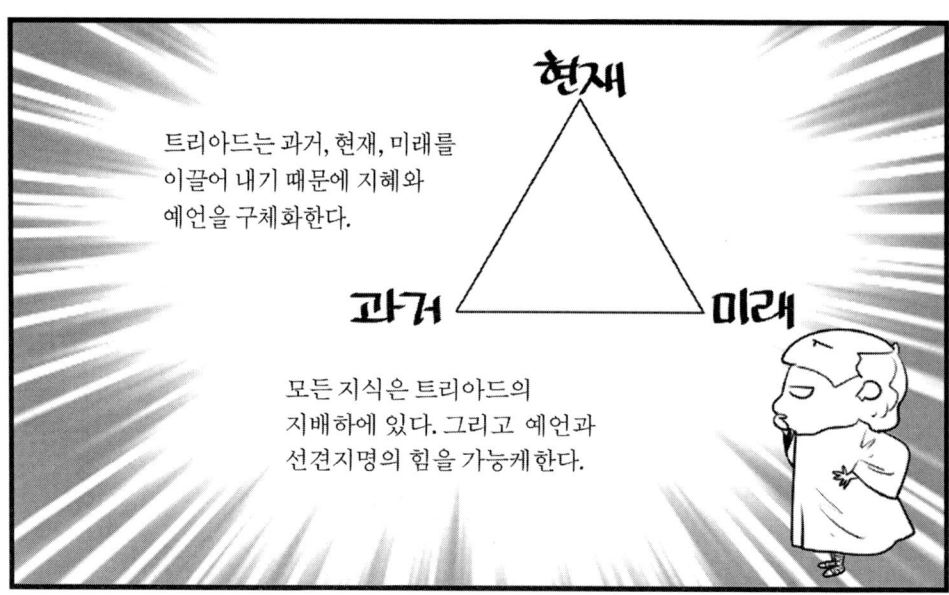

모든 지식은 트리아드의 지배하에 있다. 그리고 예언과 선견지명의 힘을 가능케 한다.

그리스 신화에 나오는 예언의 신인 아폴론의 상징은 델포이의 무녀가 그 위에 앉아 신탁을 전하던 다리가 셋인 청동 제단이었다.

피타고라스학파들은 아폴론에게 세 잔의 술을 바쳤다

우리나라에서도 제사를 지낼 때 초헌, 아헌, 삼헌이라고 하여 세 번의 잔을 올린다.

세 잔은 드려얍죠!

무한개의 점으로 이루어진 평면이 이처럼 단 3개의 점으로 결정된다는 사실로부터 나온 것인지는 분명하지 않지만, 인간의 사상이며 종교를 3으로 표현하는 경우가 많다.

신, 천사, 인간을 하나로 묶고, 아버지와 아들과 성령을 하나로 보는 삼위일체의 기독교 사상

하늘, 땅, 인간의 삼위일체 즉 천, 지, 인의 관념을 가지고 있는 동양의 사상도 모두 3을 기본으로 하고 있다.

우리나라에서도 3은 성스러운 수로 여겼다. 이를테면 고구려를 나타내는 새는 다리가 3개이다.

또 우리가 사용하고 있는 어떤 휴대전화의 경우 3가지 종류 만 사용하여 전체 모음을 나타낼 수 있도록 하고 있다.

天 地 人
· ㅡ ㅣ

특히 우리의 글인 한글의 모음은 3을 기본으로 탄생했다.

훈민정음은 의외로 간단한 기호를 사용하여 세상의 모든 소리를 표현할 수 있도록 고안되었다.

그 기본적인 생각은 '하늘은 둥글고 땅은 네모나다.'는 천원지방(天圓地方) 사상이다.

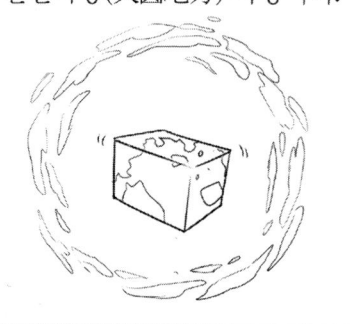

훈민정음의 자음은 천지인(天地人)을 상징하는 원(圓, ○), 방(方, □), 각(角, △) 의 3가지 기본 재료의 모습과 발음기관인 혀의 모습을 따랐다.

모음은 '홀소리'라고도 한다. 홀소리란 목구멍에서 숨이 나올 때 입안 어디에도 닿지 않고 혼자서 나는 소리라는 뜻이다.

모음의 기본자 역시 자음의 기본자처럼 모양을 본떠서 만들기는 하였으나, 발음 기관의 모양을 본뜬 것이 아니라 '하늘, 땅, 사람' 삼재(三才)의 모양을 본뜬 것이다.

모음의 기본이 되는 3개의 기호인 ·, ㅡ, ㅣ 도 각각 원방각을 축소시킨 모습인데, ○은 ·으로, □은 ㅡ로, △는 ㅣ로 축소된 모양이다.
모음은 소리를 낼 때 혀의 모양이 각각 다르고 그 느낌도 서로 다르다.
'·'는 혀가 오그라들고 소리가 깊으며, 'ㅡ'는 혀가 조금 오그라들고 소리가 깊지도 얕지도 않으며, 'ㅣ'는 혀가 오그라들지 않고 소리는 얕다고 한다.

모음의 첫 번째인 ㅏ는 사람의 동쪽에 태양이 있는 모습인 'ㅏ'으로 양(陽)모음이고, ㅓ는 사람의 서쪽에 태양이 있는 모습인 'ㅓ'으로 음(陰)모음이다. 또 ㅗ는 땅 위에 태양이 있는 모습인 'ㅗ'으로 양모음이고, ㅜ는 땅 아래에 태양이 있는 모습인 'ㅜ'으로 음모음이다. 또 ·을 두 번씩 합치면 ㅑ ㅕ ㅛ ㅠ 이 만들어져서 모음은 모두 11자가 된다. 이러한 모음자는 하늘(양성)과 땅(음성)의 음양 사상과 여기에 사람(중성)까지 함께 조화롭게 어울리는 삼조화사상을 담은 천지자연의 문자 철학을 담고 있다.

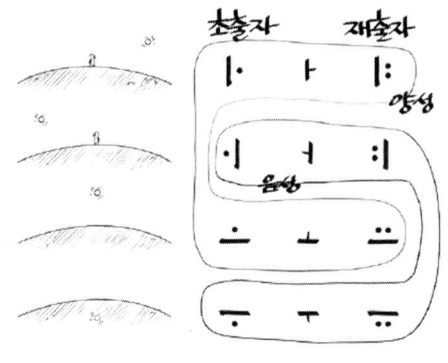

모음의 음양 배분과 관련하여 『훈민정음해례본』에 해설이 있다.
'ㅗ, ㅏ, ㅛ, ㅑ'의 동그라미·가위와 밖에 있는 것은 그것들이 하늘에서 생겨나 양이 되기 때문이다.
'ㅜ, ㅓ, ㅠ, ㅕ'의 동그라미·가 아래와 안에 있는 것은 그것들이 땅에서 생겨나 음이 되기 때문이다.
그리고 물(ㅗ, ㅠ)과 불(ㅜ, ㅛ)은 아직 기(氣)에서 벗어나지 못하고 음과 양이 서로 사귀어 어울리는 처음이기 때문에 입술이 닫힌다 (모아진다). 나무(ㅏ, ㅕ)와 쇠(ㅓ, ㅑ)는 음과 양이 만물의 바탕을 정하는 것이기 때문에 입술이 열린다(펴진다). 그러므로 모음 가운데도 스스로 음양과 오행 그리고 방위의 수가 있다고 말하는 것이다.

훈민정음해례의 설명을 다음과 같은 표로 정리할 수 있다.

중성	수	음양	오행	방위
ㅗ	1	양	수	북
ㅜ	2	음	남	남
ㅏ	3	영	목	동
ㅓ	4	움	금	서
·	5	양	토	중
ㅠ	6	음	수	북
ㅛ	7	양	화	남
ㅕ	8	음	목	동
ㅑ	9	양	금	서
ㅡ	10	음	토	중
ㅣ	無數	중성	無行	無位

한글은 천지자연의 소리를 발음하는 원리와 철학을 바탕으로 만든 수학적이며 과학적인 글자이다. 인류는 좀 더 실용적이고 과학적인 문자를 만들고자 애써 왔다.

한글은 수학적이며 과학적이야!

그래서 한자와 같은 뜻 문자나 자음과 모음이 분리되지 않는 일본의 음절 문자보다는 자음과 모음이 분리되어 실용적인 영어 알파벳(로마자)과 같은 자모 문자(음소 문자)가 널리 쓰이고 있다. 한글은 과학성과 실용성을 두루 갖춘 문자이다.

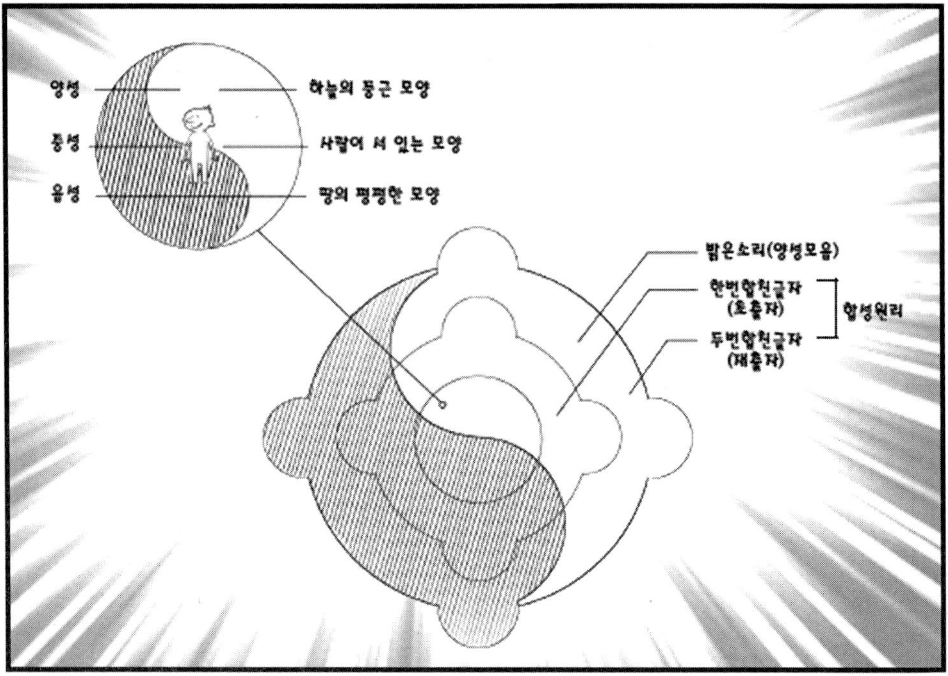

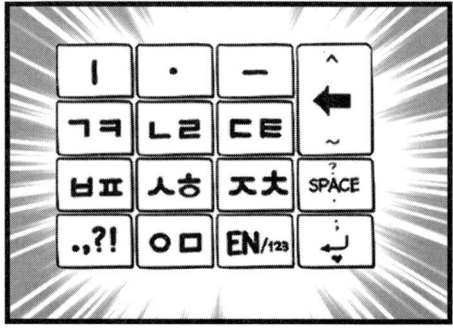

한글의 과학적 특성은 과학의 최첨단 분야인 휴대전화에서 더욱 빛을 발하고 있는데, 예를 들어 모음자 합성 방식의 과학을 잘 살린 '천지인' 방식이 대표적이다

한글은 모음자를 중심으로 모아서 쓴다. 모음자를 중심으로 첫소리 자음과 끝소리 자음(받침)을 모아서 쓰는 것이다. 물론 받침이 없는 글자도 있다.

가로로 풀어쓰는 영어의 알파벳과 다른 이런 특징 때문에 한글은 가로뿐만 아니라 세로로도 글자를 배열할 수 있다

그래서 다른 언어는 직선 모양으로 1차원적 표현이지만, 한글은 평면적이므로 2차원적 표현이다. 결국 한글은 다른 문자보다 한 차원 높은 우수한 문자이다

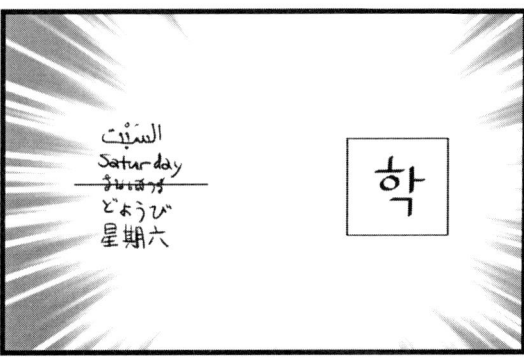

예를 들어 39123의 각 자릿수 3, 9, 1, 2, 3을 모두 더하면 3+9+1+2+3=18이고,

39123
3 + 9 + 1 + 2 + 3 = 18

18은 3으로 나누어 떨어진다.

$18 \div 3 = 6$

따라서 39123은 3의 배수이다.
실제로 39123 ÷ 3 = 13041

이와 같은 방법으로 다음 수들 중에서 3의 배수를 찾아보자.
281, 354, 962, 3742, 138624147

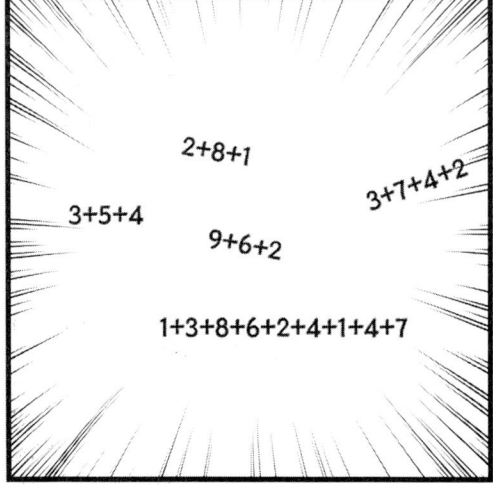

2+8+1
3+5+4
3+7+4+2
9+6+2
1+3+8+6+2+4+1+4+7

그냥 더하면 끝!

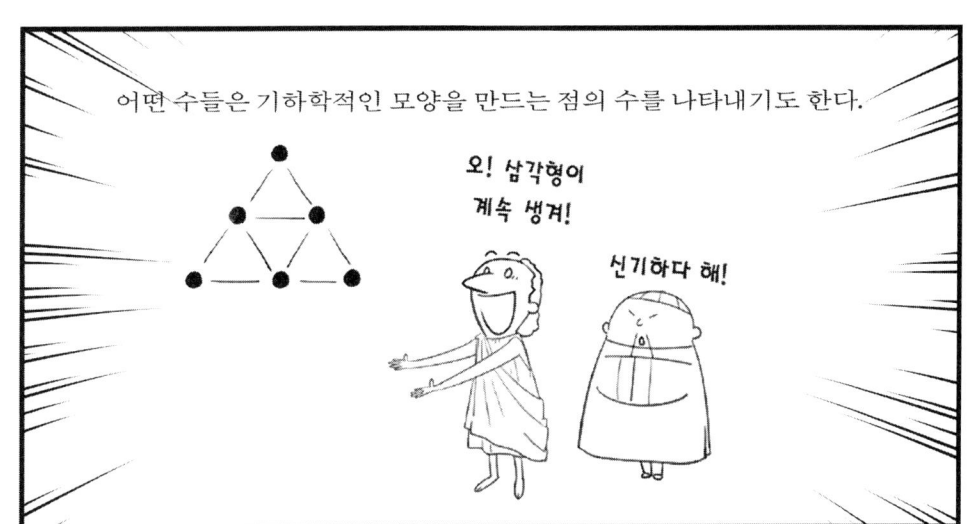

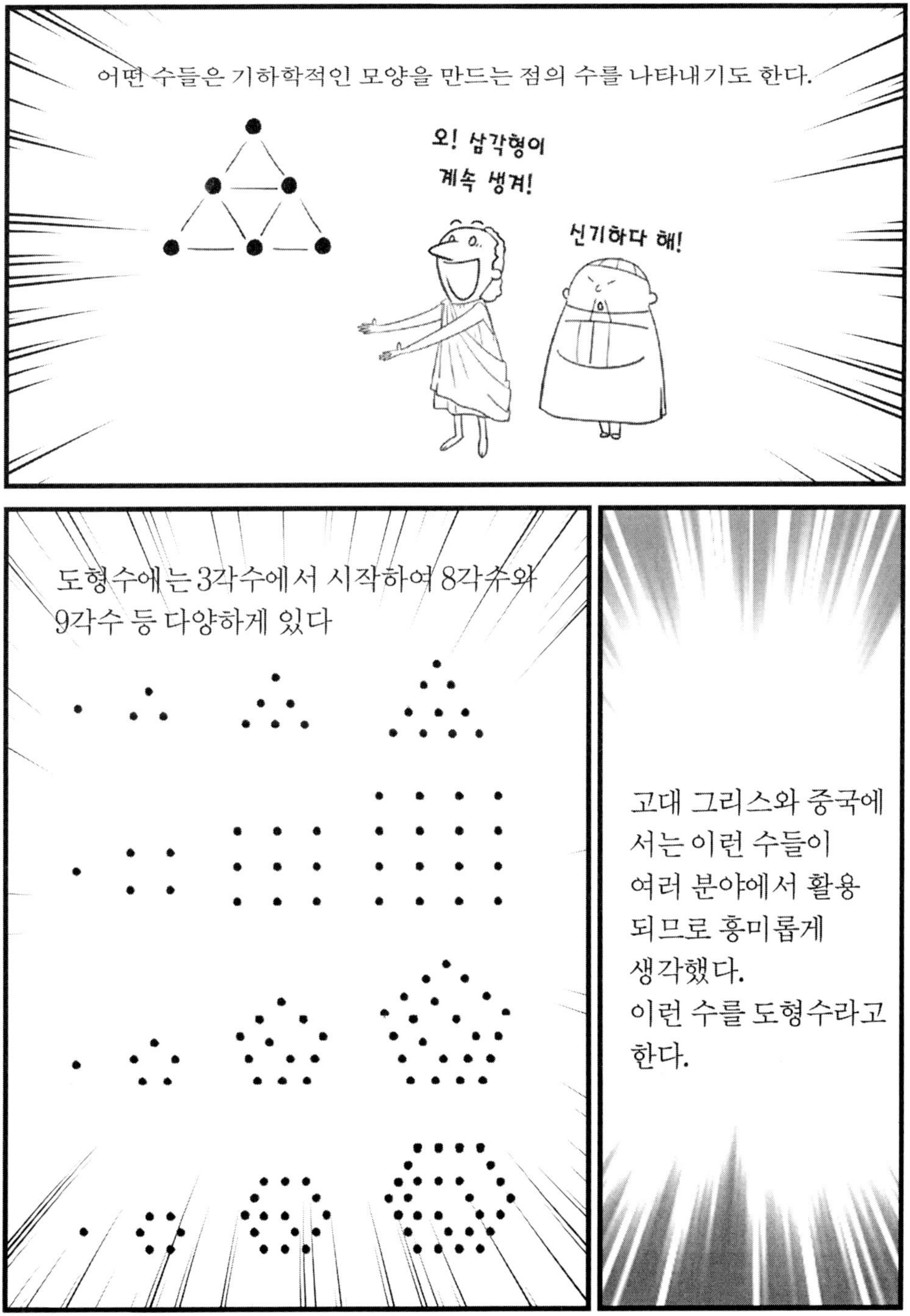

도형수에는 3각수에서 시작하여 8각수와 9각수 등 다양하게 있다

고대 그리스와 중국에서는 이런 수들이 여러 분야에서 활용되므로 흥미롭게 생각했다. 이런 수를 도형수라고 한다.

간단히 말하자면 삼각수는 동일한 물건을 정삼각형 모양으로 배열해서 나타낼 수 있는 수이다. 이를테면 점의 수를 늘려가면서 정삼각형 모양의 배열을 계속해서 만들어 가는 것이다. 이 때 각각의 정삼각형 모양의 배열을 만드는 점의 수로 이루어진 1, 3, 6, 10, 15, ··· 은 각각의 수가 삼각수에 해당한다.

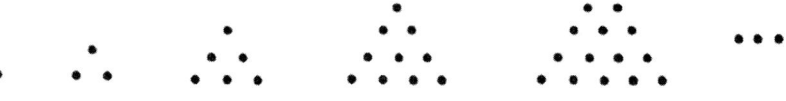

n번째 삼각수를 T_n으로 나타내면 T_n은 등차수열의 합에 의하여 다음과 같다.

$$T_n = 1 + 2 + 3 + \cdots + n = \frac{n(n+1)}{2}$$

수를 삼각형 모양으로 배열한 것 중에서 '파스칼 삼각형'이 있다

파스칼 삼각형은 그림과 같이 이항계수를 삼각형 모양의 기하학적 형태로 배열한 것이다. 이것은 프랑스의 수학자 블레즈 파스칼(Blaise Pascal)에 의해 이름 붙여졌으나 이미 오래 전 전에 동양에서 연구된 것이다. 오른쪽 그림은 조선의 수학자 홍정하가 지은 〈구일집, 천〉에 그려져 있는 파스칼 삼각형이고, 왼쪽은 오늘날의 수로 표현한 것이다. 중국 수학에서 이 삼각형은 11세기 가헌이라는 사람이 고안한 것으로 알려져 있다.

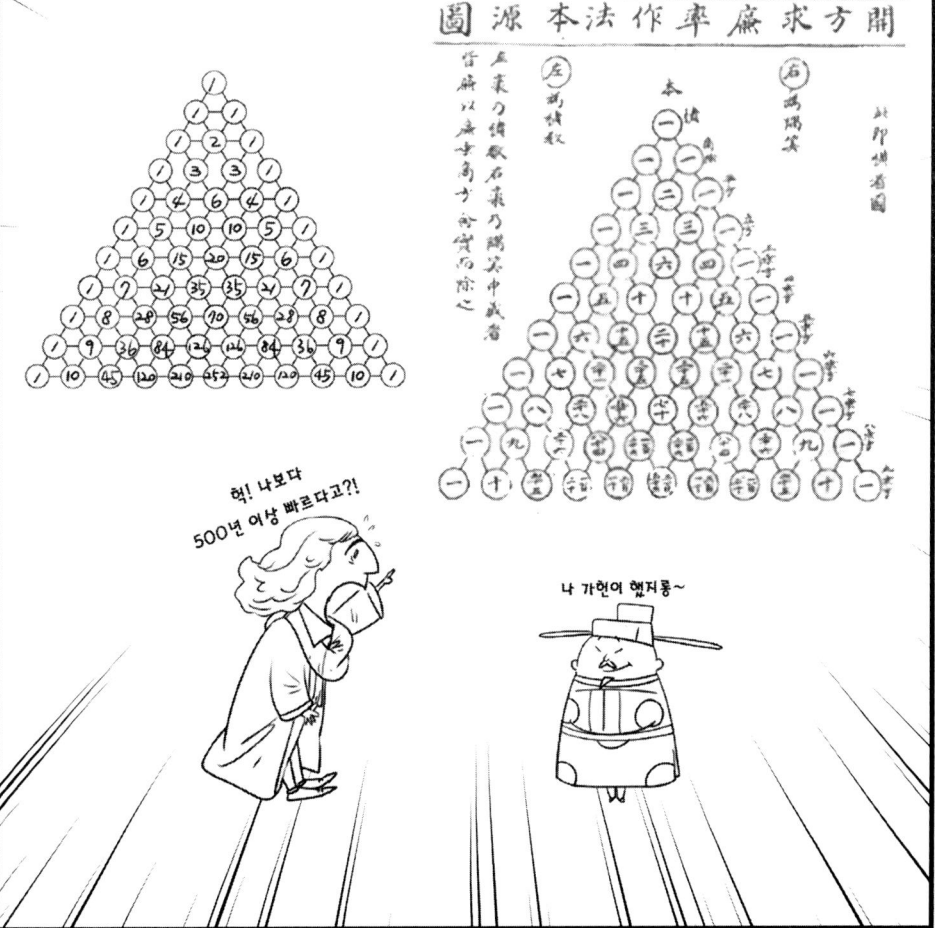

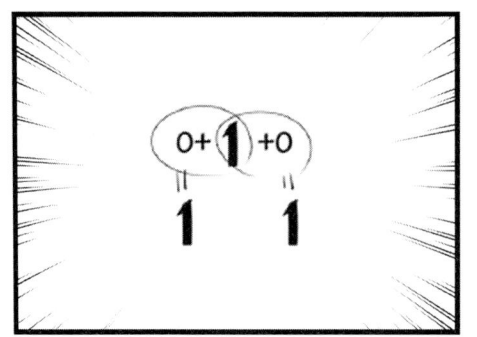

파스칼의 삼각형의 3열의 모든 수는 바로 위 줄 2개를 더해서 만든다. 이를테면 윗줄 왼쪽의 0과 오른쪽의 1을 더하여 0+1=1,

두 번째는 왼쪽의 1과 오른쪽의 1을 더하여 1+1=2, 가장자리의 수는 계속해서 왼쪽의 1과 오른쪽의 0을 더하여 0+1=1을 적는다.

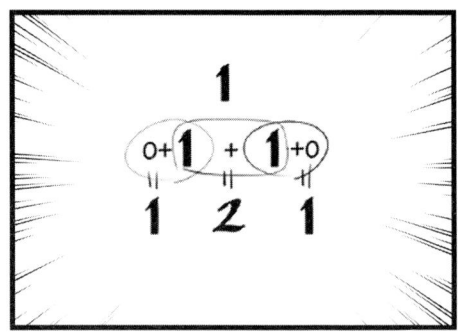

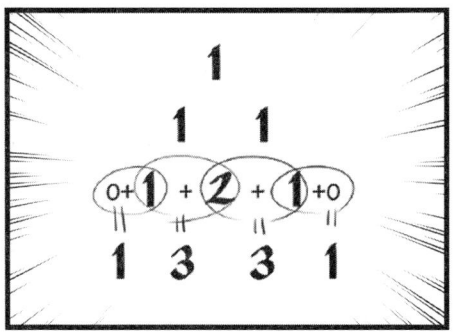

파스칼 삼각형의 4열의 모든 수도 바로 위 줄 2개의 수를 더해서 만든다.
이를테면 0+1=1, 1+2=3, 2+1=3, 1+0=1
이므로 다음과 같은 수 삼각형을 얻을 수 있다

이와 같은 방법을 계속하면 앞과 같은 파스칼 삼각형을 얻을 수 있다.

```
                    / 1 /
                  / 1   1 /
                / 1   2   1 /
              / 1   3   3   1 /
            / 1   4   6   4   1 /
          / 1   5  10  10   5   1 /
        / 1   6  15  20  15   6   1 /
      / 1   7  21  35  35  21   7   1 /
    / 1   8  28  56  70  56  28   8   1 /
  / 1   9  36  84 126 126  84  36   9   1 /
/ 1  10  45 120 210 252 210 120  45  10   1 /
/ 1  11  55 165 330 462 462 330 165  55  11   1 /
/ 1  12  66 220 495 792 924 792 495 220  66  12   1 /
/ 1  13  78 286 715 1287 1716 1716 1287 715 286  78  13   1 /
/ 1  14  91 364 1001 2002 3003 3432 3003 2002 1001 364  91  14   1 /
/ 1  15 105 455 1365 3003 5005 6435 6435 5005 3003 1365 455 105  15   1 /
```

파스칼의 삼각형은 이항정리에서 계수들의 값을 계산하는 데에 사용된다. 예를 들어
$(a + b)^2 = 1a^2 + 2ab + 1b^2$
라는 식에서, 각 계수 1, 2, 1은 파스칼의 삼각형의 3번째 줄에 대응된다. 마찬가지로
$(a + b)^3 = 1a^3 + 3a^2b + 3ab^2 + 1b^3$
에서 각 계수 1, 3, 3, 1은 파스칼 삼각형의 4번째 줄에 대응된다.

$(a + b)^0 = 1$
$(a + b)^1 = 1a + 1b$
$(a + b)^2 = 1a^2 + 2ab + 1b^2$
$(a + b)^3 = 1a^3 + 3a^2b + 3ab^2 + 1b^3$
$(a + b)^4 = 1a^4 + 4a^3b + 6a^2b^2 + 4ab^3 + 1b^4$
$(a + b)^5 = 1a^5 + 5a^4b + 10a^3b^2 + 10a^2b^3 + 5ab^4 + 1b^5$
⋮

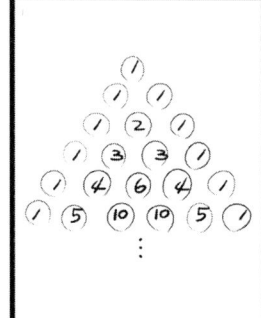

일반적으로
$(x + y)^n = a_0 x^n y^0 + a_1 x^{n-1} y^1 + a_2 x^{n-2} y^2 + \cdots + a_{n-2} x^2 y^{n-2} + a_{n-1} x^1 y^{n-1} + a_n x^0 y^n$

와 같은 전개식에서 a_i는 파스칼의 삼각형의 $n + 1$번째 행(row)의 $i + 1$번째 열(column) 값과 순차적으로 대응된다. 파스칼 삼각형은 다항식의 전개에 사용되고, 경우의 수를 구할 때도 사용된다.

a_i는 $n + 1$번째 행(row)
$i + 1$번째 열(column)

$n \to 6$ $n + 1$번째 행(row)   7 행
$i \to 3$ $i + 1$번째 열(column)   4 열
$a_i \to a_3 \to 20$

4열
1
1 2 1
1 3 3 1
1 4 6 4 1
1 5 10 10 5 1
7행   1 6 15 20 15 6 1
1 7 21 35 35 21 7 1
1 8 28 56 70 56 28 8 1

3은 지금까지 소개한 여러 가지 이외에도 다양하게 사용된다. 불행은 세 가지가 한꺼번에 찾아오지만 무엇이든 세 번째 시도는 행운이 있다고 한다.

다리가 세 개인 개를 보면 행운이지만 부엉이가 세 번 우는 것을 들으면 불행이 찾아온다고 한다

또 침을 세 번 뱉으면 마귀를 쫓아버릴 수 있다고도 한다.

동양에서도 무엇이든 세 번은 해야 한다는 '삼 세 번', 만세도 세 번 부르는 '만세삼창'이 있다

우리는 하루에 아침, 점심, 저녁 세 끼 식사를 하며, 서양에서는 식탁용 도구로 칼, 포크, 스푼의 세 가지가 한 묶음이다.

이처럼 3은 우리 생활 여기저기에 사용되는 매우 중요한 수이다.

수4와 제곱근

수철학자들은 트리아드인 3 다음의 수 4를 '테트라드(Tetrad)'라고 부르는데, 4는 완결을 의미한다.

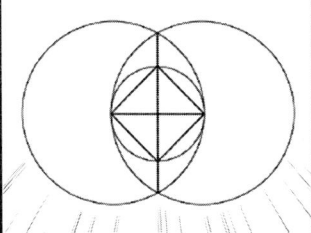

수 철학자들은 우주에 있는 자연적이고 수적인 모든 것은 1부터 4까지 진행하며 완성되어 간다고 한다. 예를 들어, 봄, 여름, 가을, 겨울의 4계절이 있고,

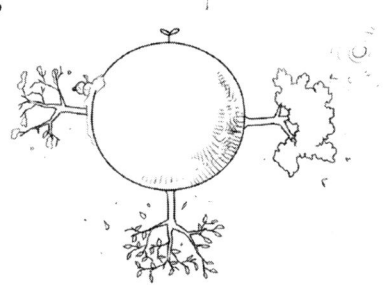

옛날 철학자들은 물, 불, 흙, 공기를 우주를 구성하는 4개의 원소라고 여겼다

또 플라톤(Plato, B.C. 427년 ~ B.C. 347년)은 자신의 철학을 지성, 이성, 지각, 상상력의 4가지 요소로 설명하였다.

공간에서 점 4개는 최초의 3차원 입체인 피라미드를 만든다

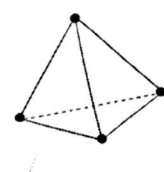

그래서 3을 나타내는 트리아드는 평면이지만 4를 나타내는 테트라드는 공간을 나타낸다.

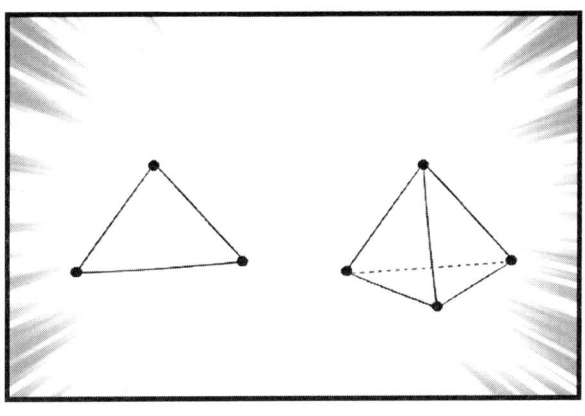

평면인 정삼각형이 어떻게 입체인 정사면체가 되는지 직접 만들어 보자.

다음과 같은 순서로 정사면체를 작도하여 만들어 보자.
(1) 반지름이 같은 두 원으로 베시카 피시스를 그리고, 큰 정삼각형을 그린다.

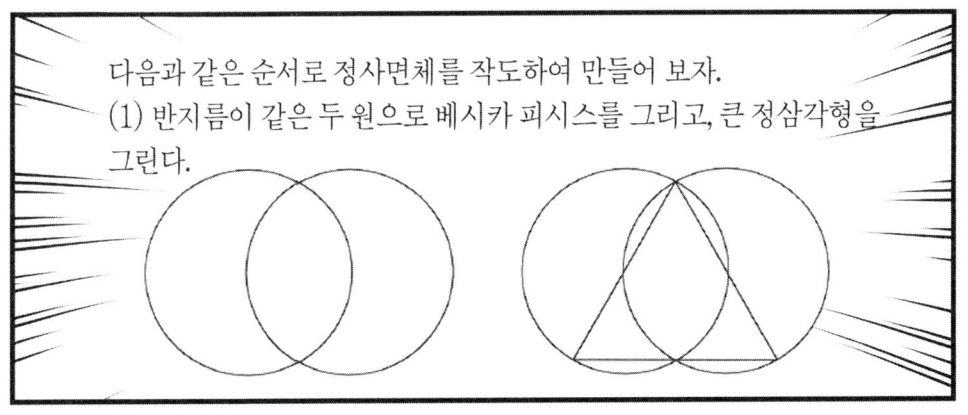

(2) 두 원의 중심과 그 교점들을 연결하여 큰 정삼각형을 네 개의 작은 정삼각형으로 나눈다.

(3) 그림과 같이, 바깥쪽에 위치한 세 삼각형의 변에 풀칠할 부분을 표시한다.

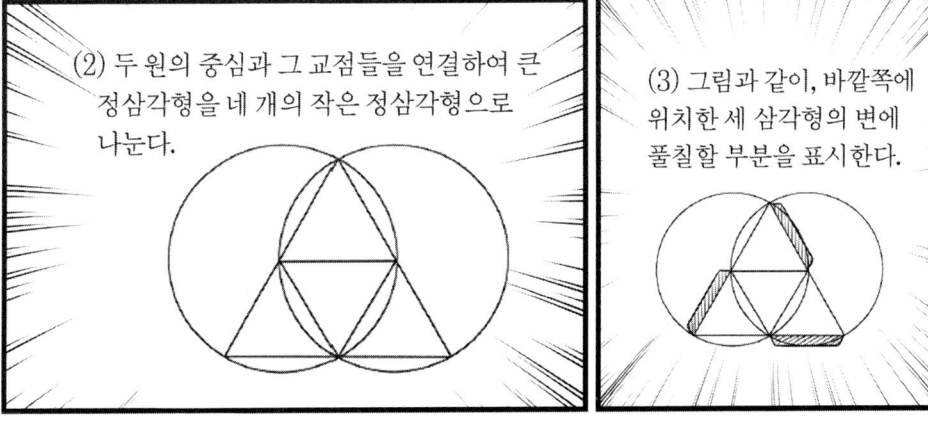

(4) 그 부분 주위로 도형을 잘라낸다.

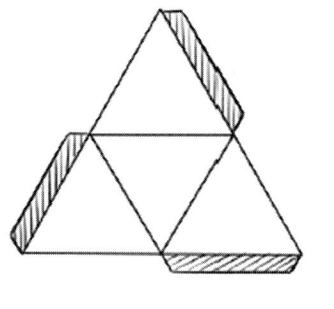

(5) 각 선을 접어 세 모서리가 한 점에서 만나게 한다. 그리고 각각의 모서리 안쪽으로 풀을 붙인다.

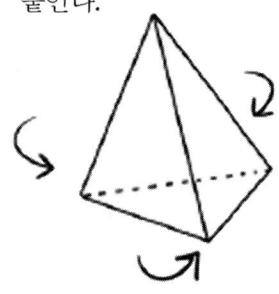

또 피타고라스학파는 산술, 기하, 음악, 천문학의 4가지가 진리의 기초라고 생각했다. 피타고라스는 세상을 바라보는 수학적 관점을 4가지로 나누어 다음과 같이 말했다. "산술, 음악, 기하학 그리고 천문학은 지혜의 근본으로 1, 2, 3, 4의 순서가 있다." 피타고라스에 의하면 산술은 수 자체를 공부하는 것이고, 음악은 시간에 따른 수를 공부하는 것이고, 기하학은 공간에서 수를 공부하는 것이며, 천문학은 시간과 공간에서 수를 공부하는 것이다.

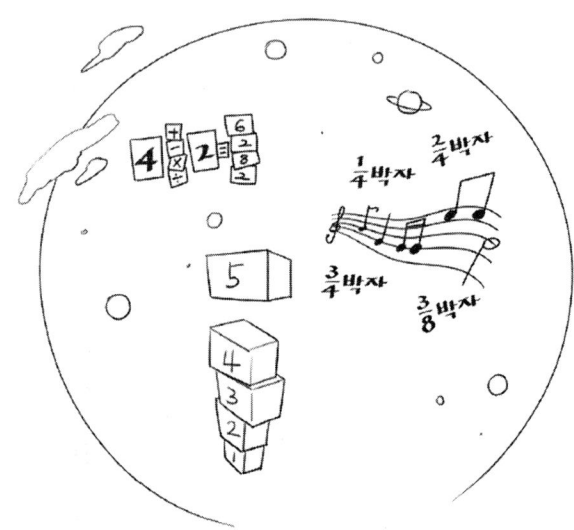

그래서 피타고라스 학파들은 수 4를 정의를 나타낸다고 여겼다.

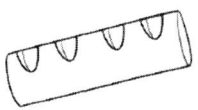

4를 정의의 원천으로 생각한 이유는 4가 정확히 반으로 똑같이 나누어지는 수이기 때문이다.

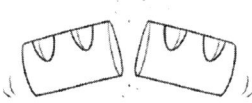

똑같이 반!

또 똑같이 반!

즉, 4=2+2이고, 두 개의 2는 다시 (1+1)+(1+1)로 나눌 수 있으므로 우주의 근원인 모나드로 돌아갈 수 있는 최초의 수이다.

이와 같은 4의 속성은 안정하고 단단한 지구와의 연관성을 암시하기도 했다.

여기서 잠깐 같은 수를 두 번 곱하는 것과 관련 있는 제곱근에 대하여 알아보자.

4가 정의의 원천으로 생각한 또 다른 이유는 똑같은 값들을 곱해서 나타나는 최초의 수이기 때문이다.

$4 = 2 \times 2$

다음 그림과 같이 정사각형 모양으로 스티커를 붙여 나갈 때, 사용된 스티커의 개수는 차례로 1, 4, 9, 16개다. 스티커의 개수가 1, 4, 9, 16인 정사각형 모양의 한 줄에 붙인 스티커의 개수는 각각 1, 2, 3, 4이다. 이때 한 줄에 사용된 스티커의 제곱은 전체 스티커의 개수와 같다. 즉 $1^2 = 1, 2^2 = 4, 3^2 = 9, 4^2 = 16$이다. 1, 4, 9, 16과 같은 수는 어떤 수를 제곱하여 얻을 수 있는 수라서 제곱수라고 한다.

$1^2 = 1 \quad 2^2 = 4 \quad 3^2 = 9 \quad 4^2 = 16$

한편, 음이 아닌 수 a에 대하여 제곱하여 a가 되는 수를 a의 제곱근이라고 한다.
이를테면 2를 제곱하면 4가 되므로
2는 4의 제곱근이다

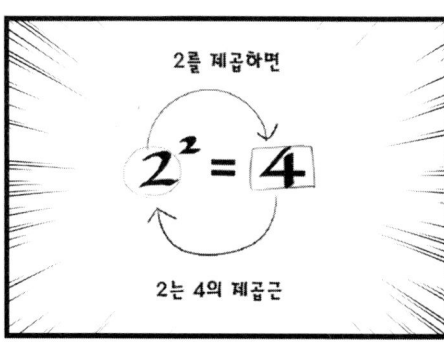

2를 제곱하면
$2^2 = \boxed{4}$
2는 4의 제곱근

그런데 −2를 제곱하면 $(-2) \times (-2)^2 = 4$이므로 −2도 4의 제곱근이다.

$(-2) \times (-2) = (-2)^2 = \boxed{4}$

−2도 4의 제곱근

따라서 4의 제곱근은 2와 -2이다.

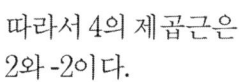

또 양수와 음수를 제곱하면 항상 양수가 되므로 음수의 제곱근은 생각하지 않는다.
이를테면 어떤 수를 제곱해도 -4가 되지 않으므로 -4의 제곱근은 없다고 생각하는 것이다.

하지만 수의 크기를 점차 키우면 나중에는 -4의 제곱근을 생각할 수도 있게 된다.

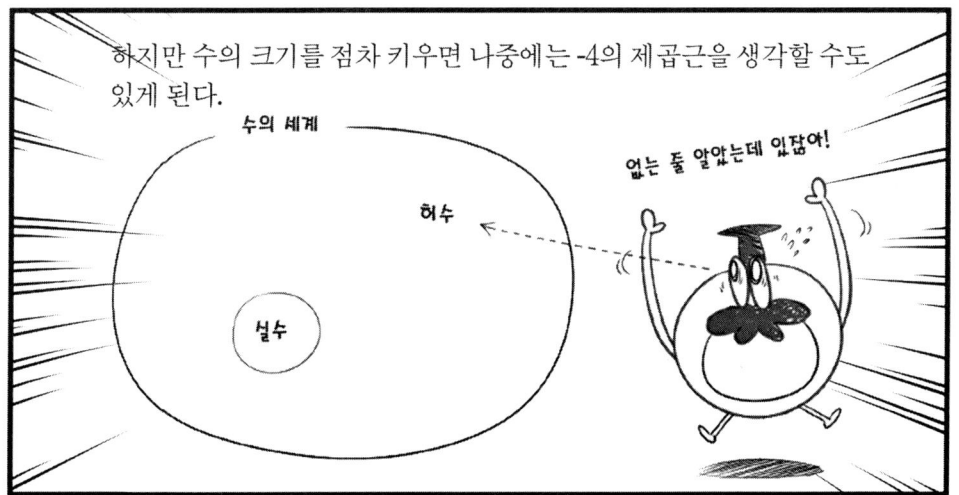

그러나 지금 당장은 너무 어려우므로 그냥 음수의 제곱근은 생각하지 않기로 하고, 나중에 알아보기로 하자.

1, 4, 9, 16의 제곱근을 각각 구하면 다음과 같다.
1의 제곱근 ; 1, -1
4의 제곱근 ; 2, -2
9의 제곱근 ; 3, -3
16의 제곱근 ; 4, -4

$$(\pm 1)^2 = 1$$
$$(\pm 2)^2 = 4$$
$$(\pm 3)^2 = 9$$
$$(\pm 4)^2 = 16$$

그럼 25의 제곱근은? $5^2 = 25$, $(-5)^2 = 25$ 이므로 25의 제곱근은 5^2, -5^2이다.

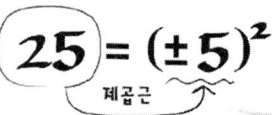
제곱근

제곱근을 영어로 'root'라고 하는데 이것도 한자와 마찬가지로 '뿌리'라는 뜻이다

root = 根 = 뿌리

제곱근에서 근(根)은 '뿌리'라는 뜻으로 제곱근은 제곱하여 어떤 수를 만들 수 있는 '수의 뿌리'라는 뜻이다.

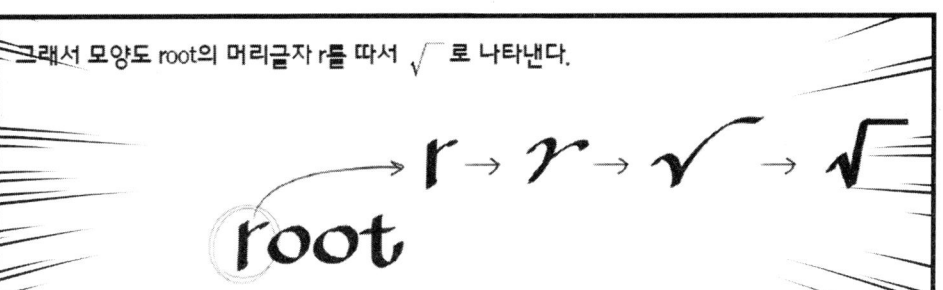

그래서 모양도 root의 머리글자 r를 따서 $\sqrt{}$ 로 나타낸다.

이를 테면 4의 양의 제곱근은 $\sqrt{4}$ 음의 제곱근은 $-\sqrt{4}$ 로 나타낸다.

여기서 기호 $\sqrt{}$ 를 근호라고 하며, $\sqrt{a}$를 '루트 a' 또는 '제곱근 a'라고 읽는다.

$\sqrt{}$ → 근호

한편 근호 $\sqrt{}$ 를 사용하지 않고 제곱근을 나타낼 수도 있다.

이를테면 $2^2 = 4$, $(-2)^2 = 4$이므로 4의 제곱근은 2와 -2이다. 즉, 4의 양의 제곱근은 $\sqrt{4} = -2$이다.

$$\sqrt{4} = 2$$
$$-\sqrt{4} = -2$$

$\sqrt{2}$ 와 $-\sqrt{2}$ 는 2의 제곱근이므로 $(\sqrt{2})^2 = 2$, $(-\sqrt{2})^2 = 2$이다. 일반적으로 a가 양수일 때, $(\sqrt{a})^2 = a$, $(-\sqrt{a})^2 = a$이다. 또 $2^2 = 4$, $(-2)^2 = 4$이므로 $\sqrt{2^2} = \sqrt{4} = 2$이고 $\sqrt{(-2)^2} = \sqrt{4} = 2$이다. 일반적으로 a가 양수일 때, $\sqrt{a^2} = a$, $\sqrt{(-a)^2} = \sqrt{a^2} = a$이다.

제곱근의 성질

$a > 0$ 일 때,

1) $(\sqrt{a})^2 = a$, $(-\sqrt{a})^2 = a$
2) $\sqrt{a^2} = a$, $\sqrt{(-a)^2} = \sqrt{a^2} = a$

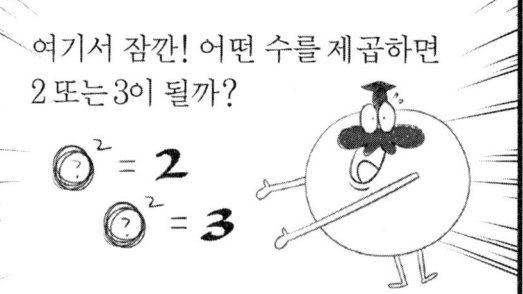

제곱하면 2가 되는 수는 $\sqrt{2}$, 제곱하면 3이 되는 수는 $\sqrt{3}$ 라고 했다. 그런데 $\sqrt{4} = 2$이므로 $\sqrt{4}$ 는 유리수인데, $\sqrt{2}$ 나 $\sqrt{3}$ 도 유리수일까?

유한소수와 순환소수는 유리수이고, 정수가 아닌 유리수는 유한소수나 순환소수로 나타낼 수 있다.

정수가 아닌 유리수

유한소수 $0.25 = \dfrac{1}{4}$, $\dfrac{2}{5} = 0.4$

순환소수 $0.\dot{2}\dot{5} = \dfrac{25}{99}$, $\dfrac{2}{7} = 0.\dot{2}8571\dot{4}$

이제 $\sqrt{2}$ 가 유리수인지 알아보자. 다음 그림에서 정사각형의 넓이를 비교하면 $1 < 2 < 4$이므로 $\sqrt{1} < \sqrt{2} < \sqrt{4}$, 즉 이다. 따라서 $\sqrt{2}$ 는 정수가 아니다.

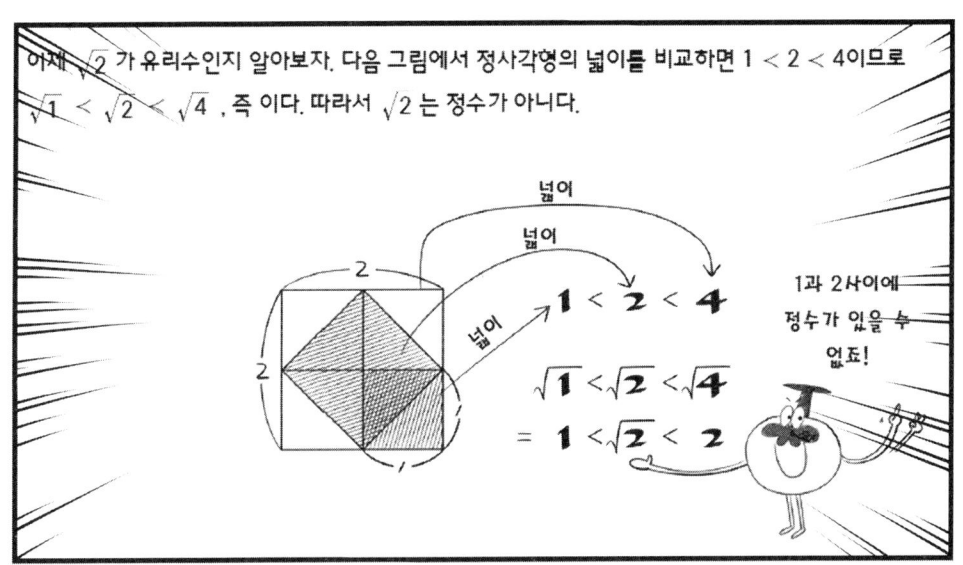

한편 정수가 아닌 유리수는 모두 기약분수로 나타낼 수 있다.

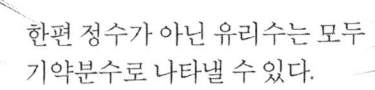

더 이상 약분되지 않는 분수가 기약분수

이 기약분수를 제곱하면 그 결과는 정수가 될 수 없다. 예를 들면 다음은 모두 정수가 아니다.

기약분수우우우~

$\left(\dfrac{3}{4}\right)^2$, $\dfrac{9}{16}$, $\left(\dfrac{3}{2}\right)^2 = \dfrac{9}{4}$, $\left(\dfrac{2}{7}\right)^2 = \dfrac{4}{49}$, …

그런데 $\sqrt{2}$ 를 기약분수로 나타낼 수 있다면 $(\sqrt{2})^2$은 정수가 될 수 없다. 그러나 $(\sqrt{2})^2 = 2$ 이므로 정수가 된다. 즉, $\sqrt{2}$ 는 기약분수로 나타낼 수 없다. 따라서 $\sqrt{2}$ 는 정수도 아니고 기약분수로 나타낼 수도 없으므로 유리수가 아니다. 이와 같이 유리수가 아닌 수를 무리수라고 한다.

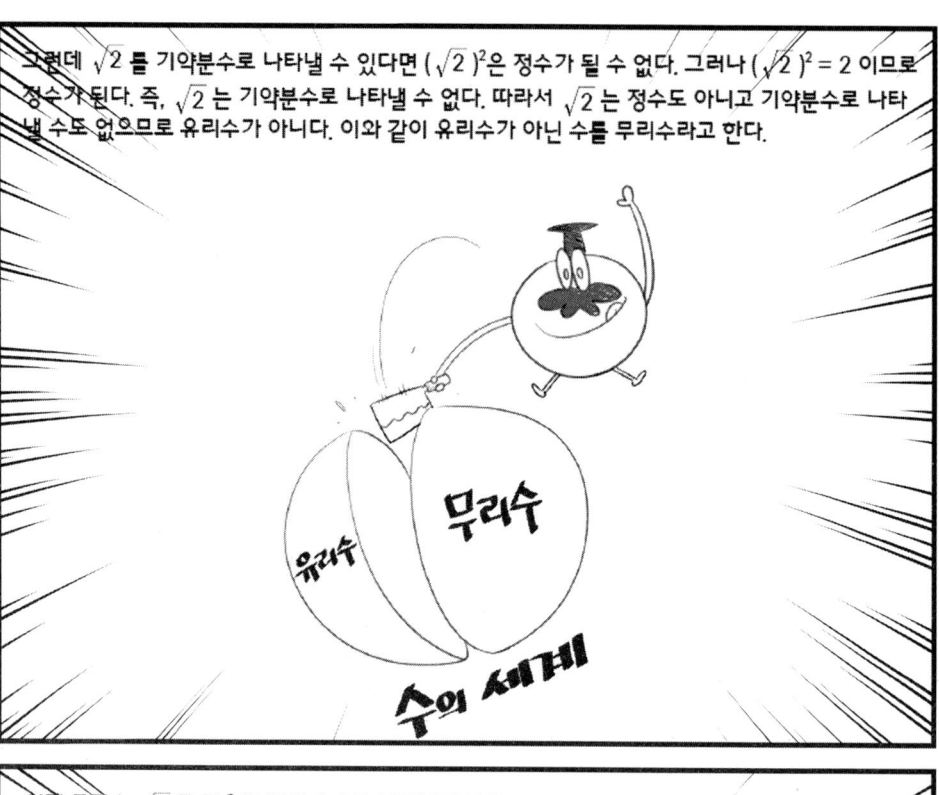

이제 무리수 $\sqrt{2}$ 를 다음과 같이 소수로 나타내어 보자.

(1) $1 < 2 < 4$이므로
$1 < \sqrt{2} < 2$

(2) $1.4^2 = 1.96$, $1.5^2 = 2.25$이므로 이고, $1.4^2 < 2 < 1.5^2$
$1.4 < \sqrt{2} < 1.5$

(3) $1.41^2 = 1.9881$, $1.42^2 = 2.0164$이므로
$1.41 < \sqrt{2} < 1.42$

(4) $1.414^2 = 1.999396$, $1.415^2 = 2.002225$이므로
$1.414 < \sqrt{2} < 1.415$

같은 방법으로 계속하면 $\sqrt{2}$ 는 다음과 같이 순환하지 않는 무한소수로 나타난다.
$\sqrt{2} = 1.414213562373309504880 \cdots$

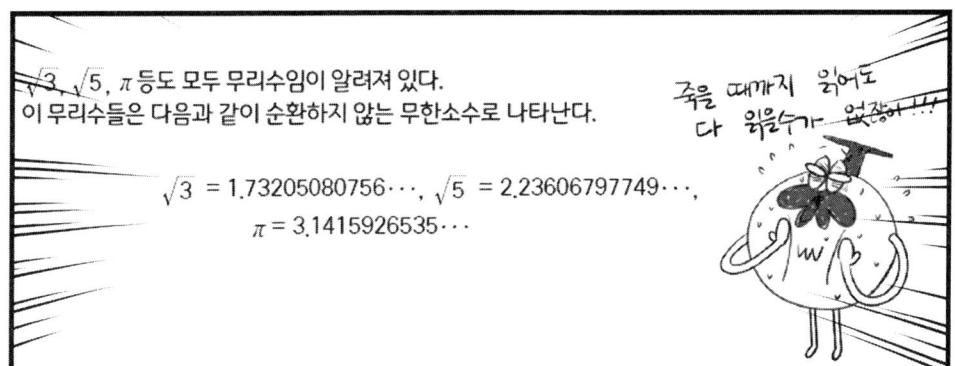

$\sqrt{3}$, $\sqrt{5}$, π 등도 모두 무리수임이 알려져 있다.
이 무리수들은 다음과 같이 순환하지 않는 무한소수로 나타난다.

$$\sqrt{3} = 1.73205080756\cdots, \quad \sqrt{5} = 2.23606797749\cdots,$$
$$\pi = 3.1415926535\cdots$$

유리수와 무리수를 통틀어
실수라고 하며,
실수를 분류하면
다음과 같다

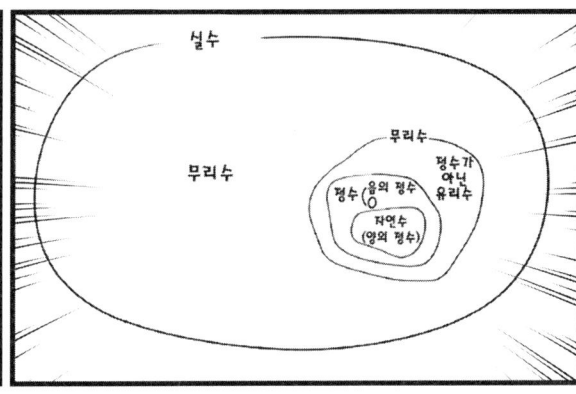

자. 이제 앞에서 생각했던 문제인 '어떤 수를 제곱하면 -4가 될까?'
에 대하여 생각해 보자

$$?^2 = -4$$
$$?^2 = -1$$

어떤 수를 제곱하면 -4가 되는지 알아보는 것은 어떤 수를 제곱해서 -1이 되는지 알아보는 것과 마찬가지이다.

즉, 어떤 수를 x라 하면 $x^2 = 1$이 되는 수 x가 무엇인지 구하면 된다.

그런데 제곱해서 음수가 되는 실수는 없으므로 방정식 $x^2 = -1$은 실수 범위에서 해를 갖지 않는다.

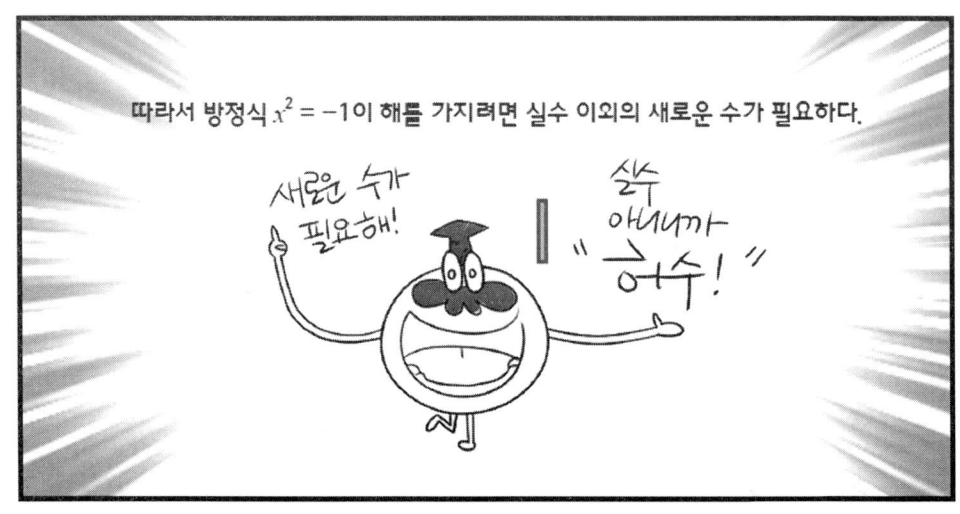

따라서 방정식 $x^2 = -1$이 해를 가지려면 실수 이외의 새로운 수가 필요하다.

제곱해서 −1이 되는 새로운 수를 생각하여 이것을 i로 나타내고 허수단위라고 한다. 즉, $i^2 = -1$이며, 제곱해서 −1이 된다는 의미에서 $i = \sqrt{-1}$ 로 나타내기도 한다.

$$i^2 = -1 \quad i = \sqrt{-1}$$

이때 i는 허수단위를 뜻하는 imaginary unit의 첫 글자이다.

실수 a, b에 대하여 a, bi 꼴의 수를 복소수라고 한다 이때 a를 $a + bi$의 실수부분, b를 $a + bi$의 허수부분이라고 한다.

$a + bi$ ⟶ 복소수
실수부분 · 허수부분

특히, $0i = 0$으로 정하면 실수 a는 $a = a + 0 = a + 0i$로 나타낼 수 있으므로 실수도 복소수이다.

실수 $a = a + 0 = a + 0i$ → 복소수

이때 실수가 아닌 복소수 $a + bi$ $(b \neq 0)$를 허수라고 한다.
즉, 복소수는 다음과 같이 분류할 수 있다.

복소수 $a + bi$ $\begin{cases} \text{실수 } a & (b = 0) \\ \text{허수 } a + bi & (b \neq 0) \end{cases}$ (a, b는 실수)

이를테면 복소수 $3 - 2i$의 실수부분은 3, 허수부분은 -2이다.

또 세 복소수 $2, 5 + 2i, 3i$에서 2는 실수, $5 + 2i$와 $3i$는 허수이다.

한편 복소수 $a + bi$에 대하여 허수부분의 부호를 바꾼 복소수 $a - bi$를 $a + bi$의 켤레복소수라고 하며, 기호 $\overline{a + bi}$로 나타낸다. 이를테면

$\overline{3 + 2i} = 3 - 2i, \ \overline{7} = 7, \ \overline{-2 - 5i} = -2 + 5i, \ \overline{-\sqrt{3}i} = \sqrt{3}i$

켤레복소수

이로써 오늘날 우리는 실수를 넘어 복소수까지 수를 확장하여 사용할 수 있게 되었다

사실 4는 첫 번째 합성수이다.
합성수는 1과 자기 자신 이외의
수로 나누어떨어지는 수이다.
즉 1이 아닌 두 수의 곱으로
나타낼 수 있는 첫 번째 수이다.

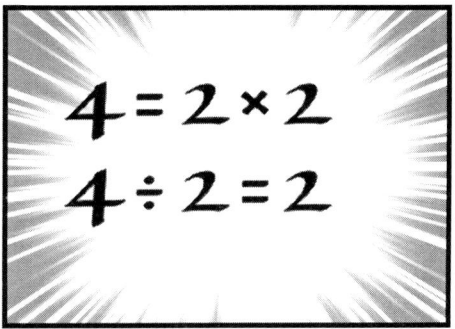

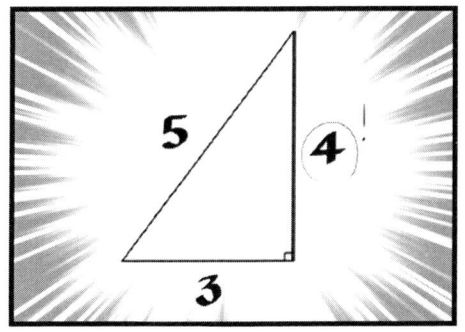

게다가 4는 피타고라스
정리에서 가장 표준적인
직각삼각형의 높이다.

피타고라스학파는 4가 짝수-짝수
로 곱해지는 첫 번째 수이기
때문에 4를 조화와 정의를
상징하는 수로 여겼다.
4는 철학자들이 의미를 부여하는
것 이외에도 우리와 매우
밀접하게 연결되어 있다.

우선 우리의 DNA는
4개의 단백질인 아데닌,
시토신, 구아닌, 티민으로
구성되어 있다.

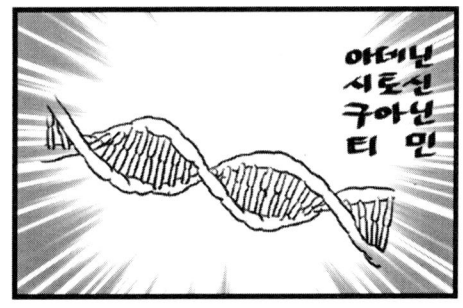

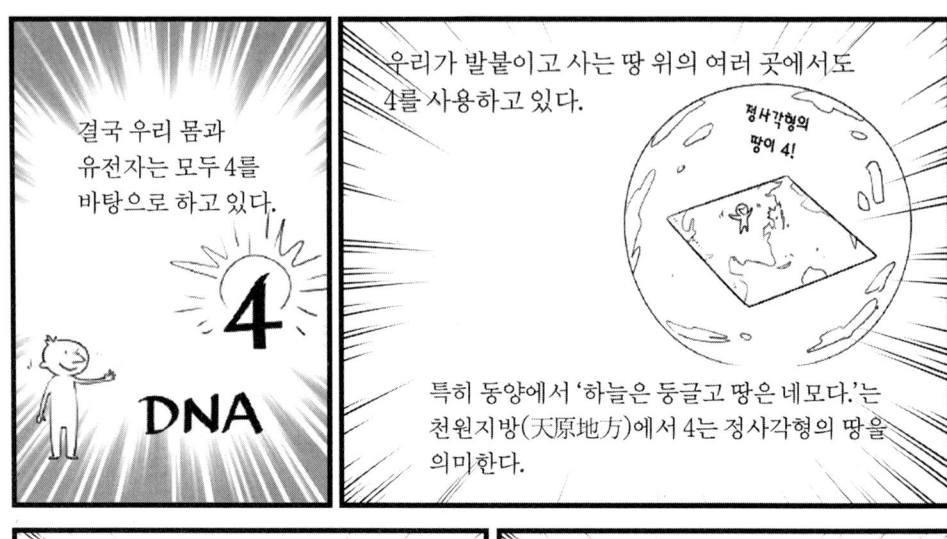

여기서 잠깐 동양과 서양의 생각의 차이를 엿볼 수 있는 것이 있다.

우리말에 '사방을 살핀다.'라는 말이 있는데, 이 말을 영어로 하면 'look around'이고, 이것은 '주위를 빙 둘러 살핀다.' 라는 의미이다.

즉, 세상을 대하는 우리의 시야는 정사각형인 데 비하여 서양은 원이다

세상은 원인데?

이 정사각형과 원은 인간 중심주의와 신(神) 중심주의라는 대립적인 세계관을 낳았다.

세상은 정사각형이야~

인간 중심   신 중심

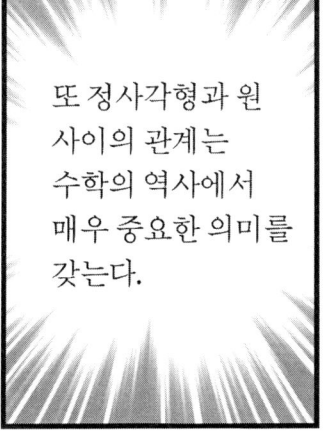

또 정사각형과 원 사이의 관계는 수학의 역사에서 매우 중요한 의미를 갖는다.

인류는 2천 년 동안이나 원과 같은 넓이를 갖는 정사각형을 만들 수 있느냐 하는 문제를 고민해 왔다.

그리고 마침내 원과 넓이가 같은 정사각형 은 만들 수 없다는 결론을 내렸다.
언뜻 생각하기에 쉬워 보이는 이 문제가 해결된 것은 불과 1백 년 전의 일이다